《从"5·12"到"8·8"——阿坝州重(特)大地质灾害应对启示》编撰委员会

编委会主任 项晓峰

编　　委 李小全　赵文辉　敏兴国　王国民
　　　　　　王树明　周家奇

主　　编 李小全　赵文辉

副 主 编 敏兴国　李拥群

成　　员 纪臻鑫　柳燕　杜萍　牟学军
　　　　　　高德政　梁中平　韩秀全　杨龙多杰

"十三五"国家重点出版物出版规划
"5·12"汶川特大地震十周年纪念及灾后重建系列丛书

从"5·12"到"8·8"
——阿坝州重（特）大地质灾害应对启示

CONG "5·12" DAO "8·8"
——ABAZHOU ZHONG(TE)DA DIZHI ZAIHAI YINGDUI QISHI

《从"5·12"到"8·8"——阿坝州重（特）大地质灾害应对启示》编撰委员会　编著

四川大学出版社

责任编辑:唐　飞
责任校对:卢丽洋
封面设计:墨创文化
责任印制:王　炜

图书在版编目(CIP)数据

从"5.12"到"8.8":阿坝州重(特)大地质灾害应对启示/《从"5.12"到"8.8"——阿坝州重(特)大地质灾害应对启示》编撰委员会编著. —成都:四川大学出版社,2018.9
　ISBN 978－7－5690－2410－4

　Ⅰ.①从… Ⅱ.①从… Ⅲ.①地质灾害－灾害防治－阿坝藏族羌族自治州 Ⅳ.①P694

中国版本图书馆 CIP 数据核字(2018)第 223682 号

书名	从"5·12"到"8·8" ——阿坝州重(特)大地质灾害应对启示
编　著	《从"5·12"到"8·8"——阿坝州重(特)大地质灾害应对启示》编撰委员会
出　版	四川大学出版社
地　址	成都市一环路南一段 24 号(610065)
发　行	四川大学出版社
书　号	ISBN 978－7－5690－2410－4
印　刷	四川盛图彩色印刷有限公司
成品尺寸	170 mm×240 mm
印　张	15.75
字　数	265 千字
版　次	2018 年 10 月第 1 版
印　次	2018 年 10 月第 1 次印刷
定　价	98.00 元

◆读者邮购本书,请与本社发行科联系。
电话:(028)85408408/(028)85401670/
(028)85408023　邮政编码:610065
◆本社图书如有印装质量问题,请
寄回出版社调换。
◆网址:http://press.scu.edu.cn

版权所有◆侵权必究

序言

十年磨砺践行，
凝练"阿坝方案"

2018年7月初，我作为由应急管理部副部长、中国地震局局长郑国光率领的中国代表团的成员之一，正在蒙古乌兰巴托参加由联合国国际减灾战略（UNISDR）和蒙古国政府主办的2018年"减轻灾害风险"亚洲部长级减灾大会（AMCDRR）。当我接到《从"5·12"到"8·8"——阿坝州重（特）大地质灾害应对启示》编委会主任、四川省阿坝州委副书记项晓峰的电话和书稿时，顿时感到"柳暗花明又一村"。因为有两个问题一直困扰着我，需要找到解决的答案。第一，今年是"5·12"汶川特大地震十周年，如何总结十年来我国应对重（特）大自然灾害的经验教训，特别是地方政府的创新践行经验，对我国新时代的防灾减灾救灾工作的开展具有非常重要的参考价值；第二，针对2015年3月联合国在第三届世界减灾大会上通过的《2015—2030年仙台减轻灾害风险框架》（以下简称《仙台框架》），我国如何提出和落实中国方案、发挥中国智慧。所以，阿坝州重（特）大地质灾害的应对经验正好回答了这两个问题，并成为很好的示范材料。

"5·12"的抗震救灾和灾后重建，国家积累了应对重（特）大自然灾害的宝贵经验，强有力地推进了防灾减灾救灾体制机制改革，进一步提高了综合防灾减灾救灾能力，开展灾后恢复重建新路的创新实践，为人类命运共同体建设和国际减灾做出了重要贡献。在党中央、国务院的领导下，灾区党委、政府综合防灾减灾救灾的治理能力快速提高，人民群众防灾备灾意识得到明显提升，应急救灾体系快速合理且科学先进，学校等公共服务设施和民生工程的安全得到了最大的保障，社会力量积极参与防灾减灾救灾工作，防灾减灾应急人才培养、科研和产业不断发展，国际减灾交流频繁开展，"中国减灾"与"中国精神"得到弘扬。这是经中共中央宣传部最后确定的，由我为"5·12"汶川特大地震纪念馆的"5·12"汶川特大地震十年提升展示"防灾减灾能力提升"专题而总结归纳的十年来我国防灾减灾救灾事业取得的成就。这是我自2017年7月以来到今年4月中旬为止，在阿坝州宣传部的支持下，对阿坝州和北川等灾区进行调研而总结出来的。因此，正如本书所详细阐述和实证的，无论对国家西部地区，还是对四川全省，阿坝州委、州政府与全州人民应对地质灾害的十年践行、磨砺和沉淀，都具有重大意义。

正如在7月18日，我在茂县为成都慈善总会的"6·24"茂县叠溪山体高位垮塌灾后恢复重建援助项目进行调研时，项晓峰副书记和赵京东副州长特意从马尔康风尘仆仆地赶到茂县，商议如何进一步把阿坝州应对地质灾害等防灾抗灾救灾经验总结好，为我国西部地区应对重（特）大地质灾害提供技术服务和人才培养，并在阿坝州建立我国西南地区防灾减灾技术研究与培训中心。我当时觉得非常好。因为我国虽然有很多研究地震、滑坡、泥石流等地质灾害的研究机构，但是非常缺乏与从乡村到州、市、地方政府的现场一线的灾害管理相结合的地方型、基层型实务研究和相关人才培养。因此，本书的编写和出版，为今后西部地区应对地质灾害的政策决策、实务实操等提供了很好的教材与指南。

阿坝州这十年来应对重（特）大地质灾害而取得的最出色成就，就是"8·8"九寨沟地震的有效应对。2017年9月初，在国家减灾委员会专家指导组和四川省减灾委专家委员会等开展的九寨沟7.0级地震灾害损失评估工作中，我们对以阿坝州地方政府为主的四川省委、省政府的抗震救灾工作进行了高度的评价：地震发生后，在党中央、国务院的领导下，四川省委、省政府与阿坝州委、州政府，积极承担"5·12"汶川地震、"4·20"芦山地震、"6·24"茂县山体高位垮塌等重（特）大自然灾害应对的主体责任，在震后2天内，出色地完成了人员应急救援、5万多游客的紧急疏散和当地灾民的紧急安置工作，打赢了抗震救灾和灾后紧急安置两个阶段的胜仗；同时，在世界自然文化遗产九寨沟遭受巨灾的应对和保护方面，为党和国家递交了一份令全世界满意的答卷（四川省减灾委专家委员会副主任顾林生《关于"8·8"九寨沟地震灾损评估与灾后恢复重建的建议》，2017年9月13日）。正因为这样的经验，党中央、国务院在《"8·8"九寨沟地震灾后恢复重建总体规划》中给四川省和阿坝州的灾后恢复重建任务是：坚持和发展"中央统筹指导、地方作为主体、灾区群众广泛参与"的灾后恢复重建新路；探索世界自然遗产抢救修复、恢复保护、发展提升的新模式。

阿坝州在历史上一直与自然灾害进行着斗争，特别是这十年来的践行、磨砺和沉淀更为突出。正如在本书中阿坝州委和州政府针对十年前"5·12"汶川特大地震给阿坝人民造成极其重大的灾害损失而深刻总结的，汶川地震的惨痛教训主要有：一是群众不善于紧急避险，缺失基本的灾害自救能力；二是应急救援线不畅通，造成灾害求救信息无法第一时间传出；三是交通线路中断，造成救援力量不能第一时间抵达；四是公共建筑以及农房抗震设防标准不够高；五是应急物资储备体系不健全；六是防灾救灾体系缺乏科学性、联动性和高效性。但是，在这十年中，通过汶川地震灾后重建和之后的几次特大自然灾害应对，阿坝州委、州政府积累了丰富经验，坚持科学减灾、科学重建和安全第一，构建抗御灾害能力强的防灾减灾"安全网"；充分抓住灾后重建、恢复重建的机遇，构建反应灵敏、快速高效的救灾体系；走出了在四川省委省政府、州委州政府的统筹指导下，以县级政府为主体，发动广大群众积极参与自救互救的新路子。特别是近年来根据习近平总书记提出的安全发展观和关于综合防灾减灾的讲话精神，阿坝州率先牢固树立和落实新发展理念，坚持以人民为中心的发展思想，正确处理人和自然的关系，应对自然灾害坚持以防为主、防抗救相结合，坚持常态减灾和非常态救灾相统一，努力实现从注重灾后救助向注重灾前预防转变，从应对单一灾种向综合减灾转变，从减少灾害损失向减轻灾害风险转变，落实责任、完善体系、整合资源、统筹力量，切实提高防灾减灾救灾工作法治化、规范化、现代化水平，全面提升抵御自然灾害的综合防范能力。龙溪乡阿尔村"4·8"山体滑坡灾害的成功应对，就是一个值得推广的案例。

联合国《仙台框架》的第四项优先行动就是：加强有助于高效响应的备灾工作，在恢复、复原和重建中致力于"重建得更好"（Built Bake

Better，BBB）。BBB 的国际定义是：通过恢复、复原和重建阶段，使灾前的脆弱性不再出现，把减轻灾害风险等减灾理念纳入开发方法中，使得国家和社区具备抗灾能力（韧性），同时使生活、环境和生产条件得到改善。阿坝州十年来的抗震救灾、灾后重建和振兴发展的经验与教训可以证实"重建得更好"这一理念的实施。阿坝州的灾后重建，不仅促进了当地社会经济的恢复和发展，而且也建立起了能够应对下一次灾害的社会整体的抗灾力和恢复力。像龙溪乡阿尔村"4·8"山体滑坡灾害成功应对案例的累积，丰富地构成了汶川地震十年来的"阿坝之路"。虽然阿坝州还面临着各种地质灾害的危险，但是，阿坝州的"阿坝之路"，体现了中国国情和当地的地区特色，进一步丰富了联合国"重建得更好"的内容，并为全国、全世界防灾减灾救灾工作提出了"阿坝方案"。

与以往的以大学等研究机构的学者和专家为主编撰的著作不一样，本书是以阿坝州这样一个地方的政府领导和现场工作人员为中心，就汶川地震十年来的政府灾害管理的实务经验和政治思想，通过案例、回忆、文件等方式而进行深刻、全面、立体、综合的大总结，内容丰富。在此特别感谢本书所有的编写者和相关的贡献者。

很荣幸我与四川大学出版社、北川应急管理学院共同策划的《"5·12"汶川特大地震十周年纪念与灾后重建系列丛书》被纳入《"十三五"国家重点图书、音像、电子出版物出版规划》的社会科学与人文科学出版规划中。最后，希望本书在我国政府应急管理和防灾减灾干部培训、大学灾害管理课程中得到广泛使用。

中国共产党四川省委党校、四川行政学院
"5·12"汶川地震灾害应对研究与培训中心　学术主任

四川省减灾委专家委员会　副主任

四川省应急管理学会　副会长

顾林生

2018 年 8 月 25 日于日本名古屋

目录

【 十年多灾多难 】

◆ **阿坝儿女的地震之殇** ·········002
  "5·12"汶川特大地震载入中国地灾史 ·········002
  旧伤初愈,"4·20"芦山地震再添新伤 ·········004
  唯美世界自然遗产再遭"8·8"九寨沟地震重创 ·········005

◆ **山高沟深带来的泥石流灾害** ·········009
  强震埋藏祸根之"8·14"汶川特大泥石流 ·········009
  突如其来的"7·9"黑水泥石流 ·········010
  多点群发的"7·10"阿坝州特大山洪泥石流 ·········011

◆ **防不胜防的崩塌灾害** ·········013
  雪山下的悲剧——"5·12"理县雪崩 ·········013
  山区公路之痛——"7·17"茂县山体高位垮塌 ·········014
  睡梦中的噩耗——"6·24"茂县叠溪山体高位垮塌 ·········014

◆ **多重诱因下的滑坡** ·········017
  祸从天降的"7·25"汶川彻底关山体滑坡 ·········017
  成功预警的"4·8"汶川龙溪阿尔村山体滑坡 ·········018

【 灾难发生之后 】

◆ **谁来决策指挥** ·········020
  "5·12"汶川特大地震指挥部运转 ·········020
  "8·8"九寨沟地震抢险救援指挥系统运转 ·········021
  总指挥——阿坝州减灾委员会(州救灾指挥部) ·········022

　　　　推动者——州减灾委办公室（州救灾指挥部办公室）……023
　　　　实施者——州救灾指挥部成员单位……024
◆ 如何响应……026
　　　"8·8"九寨沟地震应急响应……026
　　・视情而动……027
　　・分层组织……028
　　・各司其职……028
　　・过程管控……029
　　・适时而止……032
◆ 指挥中枢高效运转……033
　　・协调各方力量……033
　　　　"5·12"汶川特大地震部队及各方力量参与……033
　　　　"8·8"九寨沟地震社会救援组织和志愿者管理……034
　　・统筹救灾物资……035
　　　　"5·12"汶川特大地震救灾物资管理……035
　　・应急值守……036
　　　　"5·12"汶川特大地震应急值守……036
　　　　"7·10"阿坝州特大山洪泥石流应急值守……036
　　・每日会商……037
　　　　"7·10"阿坝州特大山洪泥石流决策部署……037
　　　　"6·24"茂县叠溪山体高位垮塌决策部署……037
　　・信息报送和管理……038
　　　　"6·24"茂县山体垮塌首报信息……038
　　　　"6·24"茂县山体垮塌（续报十四）信息……038
　　　　"8·8"九寨沟地震首报信息……039
　　　　"8·8"九寨沟地震（续报二十二）信息……039
　　・工作简报……040
　　　　"6·24"茂县叠溪山体垮塌灾害救灾指挥部工作简报……040
　　　　"8·8"九寨沟地震抗震救灾指挥部工作简报……043
◆ 火速行动在灾害一线……045
　　・生命至上……045

- 自救互救 ···045
  - "5·12"汶川特大地震映秀小学自救互救 ···············045
  - "5·12"汶川特大地震灾区群众自救 ·······················046
  - "7·10"阿坝州特大山洪泥石流基层干部施救 ········046
- 部队救援 ···047
  - "5·12"汶川特大地震空中救援 ···························047
  - "5·12"汶川特大地震空运空投行动保障 ···············047
  - "5·12"汶川特大地震灾区军人救助群众 ···············048
- 全面搜救 ···049
  - "5·12"汶川特大地震大搜救 ······························049
  - "8·8"九寨沟地震大搜救 ··································049
- 医疗救治 ···051
  - "5·12"汶川特大地震医疗救援 ···························051
  - "8·8"九寨沟地震医疗救援 ······························052
  - "8·8"九寨沟地震伤病员转运 ···························052
- 卫生防疫 ···053
  - "5·12"汶川特大地震卫生防疫 ···························053
- 心理救助 ···054
  - "5·12"汶川特大地震心理救助活动 ·····················054
  - 阿坝州灾后多种形式心理抚慰 ·······························057

◆ 尽一切可能降低损失 ·····································058

- **基础设施的保障** ···058
  - "5·12"汶川特大地震财产搜救 ···························058
  - "5·12"汶川特大地震文物转移 ···························059
  - "5·12"汶川特大地震抢救珍稀动物 ·····················060
- 保畅生命通道 ···061
  - "5·12"汶川特大地震抢通保通 ···························061
  - "7·10"阿坝州特大山洪泥石流抢通保通 ···············062
  - "8·8"九寨沟地震抢通保通 ······························062
- 织补信息网 ···063
  - "5·12"汶川特大地震通信应急保障 ·····················063

  "8·8"九寨沟地震通信应急保障 …………………………… 064
  源源不断补给线 …………………………………………… 065
  "8·8"九寨沟地震电力应急保障 …………………………… 065
- 安全大转移 ……………………………………………………… 066
 人员转移 ……………………………………………………… 066
  "5·12"汶川特大地震群众转移 …………………………… 066
  "5·12"汶川特大地震服刑人员转移 ……………………… 066
  "7·10"阿坝州特大山洪泥石流人员转移 ………………… 067
  "8·8"九寨沟地震24小时大转移 ………………………… 067
 过渡安置 ……………………………………………………… 068
  "5·12"汶川特大地震群众安置 …………………………… 068
  "8·8"九寨沟地震群众安置 ……………………………… 069
- 灾后之灾的防范 ………………………………………………… 069
 气象与测绘保障 ……………………………………………… 070
  "6·24"茂县叠溪山体高位垮塌气象与测绘保障服务 …… 070
  "8·8"九寨沟地震气象与测绘保障服务 ………………… 070
 堰塞湖与水库排险 …………………………………………… 071
  "5·12"汶川特大地震堰塞湖排险 ………………………… 071
 防治地质灾害 ………………………………………………… 072
  "5·12"汶川特大地震次生灾害防治 ……………………… 072
  "8·8"九寨沟地震次生灾害防治 ………………………… 073
 排除高危险情 ………………………………………………… 073
  "5·12"汶川特大地震茂县疾控中心危化品转移 ………… 073
  "5·12"汶川特大地震七盘沟炸药库排险 ………………… 074
- 舆论正声 ………………………………………………………… 075
 新闻发布会 …………………………………………………… 075
  四川省人民政府阿坝州茂县山体垮塌事件新闻发布会 … 075
  "6·24"特大山体滑坡第六场新闻发布会：地灾应急专家
  回应4个热点问题 ………………………………………… 076
  "8·8"九寨沟地震抗震救灾指挥部首场新闻发布会 …… 077
 媒体应对和管理 ……………………………………………… 079

"5·12"汶川特大地震媒体反应 …………………079
　　　"5·12"汶川特大地震媒体报道 …………………080
　　　"6·24"茂县叠溪山体高位垮塌媒体报道 …………081
　● 稳定与秩序 ……………………………………………081
　　"稳"社会治安 ………………………………………082
　　　"5·12"汶川特大地震公安在行动 ………………082
　　　九寨沟地震中对谣言的应对处理 …………………082
　　"畅"交通秩序 ………………………………………083
　　　四川交警权威发布九寨沟地震交通管制措施 ……083
　　"化"矛盾纠纷 ………………………………………084
　　　阿坝州基层矛盾纠纷排查化解机制 ………………084
　　"安"民众之心 ………………………………………085
　　　汶川县落实"5·12"受灾困难群众"三项"政策的实施
　　　方案 ……………………………………………………085

浴火重生之路

◆ **风雨过后集结号** ……………………………………090
　● 政策集结令 ……………………………………………090
　　　"5·12"汶川灾后重建政策 ………………………091
　　　"6·24"茂县叠溪灾后重建政策 …………………098
　　　"8·8"九寨沟灾后重建政策 ……………………100
　● 政策对接与落实 ………………………………………102
　● 倾心绘蓝图 ……………………………………………105
　　　"5·12"汶川地震灾后重建规划 …………………105
　　　"6·24"茂县特大山体滑坡重建规划 ……………109
　　　"8·8"九寨沟地震灾后重建规划 ………………112
　● 规划执行与保障 ………………………………………116
　　　"5·12"重建规划中期调整 ………………………117
　　　"8·8"九寨沟地震灾后重建进度 ………………118

- 结对援建现大爱 ………………………………………… 119
  - 珠江岷江永相连 ……………………………………… 120
  - 茂县——山西的"第120个县" ……………………… 121
  - 湘理乡亲织出田园欢歌 ……………………………… 122
  - 皖美松潘　共筑奔康伟业 …………………………… 123
  - 白山黑水总是情 ……………………………………… 124
  - 江西与小金　再续红色情缘 ………………………… 125
  - 九寨沟的眉山力量 …………………………………… 126
  - 遂宁市九方面援助金川"安宁" …………………… 127

◆ **阳光下的重建** ……………………………………………… 129
- 公开公示同监管 ………………………………………… 129
  - 在"5·12"地震灾区农房重建和维修中进一步加强民主评议及公示工作 ……………………………………… 130
  - 阿坝州扩大重建监督员覆盖面 ……………………… 131
  - 茂县灾后重建项目推进向全县人民"报账"会议 …… 132
  - 阿坝州开拓"三平台一机制"的群众工作新途径 …… 132
- 机制管出高效 …………………………………………… 132
  - 规范项目建设基本流程和项目资金公开公示 ……… 133
  - 阿坝州成立公共资源交易中心 ……………………… 133
  - 阿坝州开展灾后重建项目全面"体检" …………… 134
  - 九寨沟灾后重建，未来3年对全部资金和重点项目全过程跟踪审计 …………………………………………… 134
- 铁腕执纪追责 …………………………………………… 135
  - 阿坝州加大对招投标中违纪违法行为的查处 ……… 136
  - 九寨沟县纪委关于进一步严肃"8·8"九寨沟地震灾后恢复重建工作纪律的通知 ……………………………… 136

◆ **重建铺就奔康路** …………………………………………… 138
- 产业结构显特色 ………………………………………… 139
  - 重灾县产业振兴 ……………………………………… 140
- 创新驱动添活力 ………………………………………… 142
  - 重灾县谋求科技突破 ………………………………… 143

- 开放合作拓展空间 ·· 145
  - 重灾县争当开放合作先锋 ······························ 146
- 生态环境更洁净 ··· 149
  - 重灾县发力生态修复 ···································· 149
- 区域发展更协调 ··· 151
  - 重灾县区域协同进步 ···································· 153
- 民生之本更厚实 ··· 155
  - 重灾县民生欢歌 ··· 156
- 脱贫攻坚连战连胜 ·· 159
  - 重灾县脱贫攻坚录 ······································ 161

灾难面前有序应对

◆ 实践出经验 ·· 164
  - 防灾减灾救灾阿坝进行时 ······························ 164
  - 重灾县能力提升 ··· 166
◆ 理念指引方向 ·· 170
◆ 机制提升能力 ·· 173
  - 领导决策体系 ·· 173
    - 国家应急管理部成立 ·································· 173
  - 应对防范体系 ·· 177
    - 阿坝州地震预警系统建设 ···························· 177
  - 保障能力体系 ·· 180

十年沉淀

◆ 奋进中感悟 ·· 186
  - 危难之时主心骨 ··· 186
    - 各级党委：快速反应、果断决策、有力指挥 ·········187

　　　　基层党组织：紧急动员、迅速行动、有力组织 …………188
　　　　党员干部：挺身而出、身先士卒、靠前指挥 ……………189
　　• 生命至上的坚守 ……………………………………………191
　　• 万众一心的力量 ……………………………………………194
　　• 热情在规律下闪光 …………………………………………196
　　• 防灾患于未然 ………………………………………………198
　　• 精神在灾难中升华 …………………………………………199

◆ **案例启迪** ………………………………………………………203
　　应急演练的实战运用
　　——阿坝州"7·3"特大山洪泥石流抢险救灾 …………203
　　有序组织下的自救与驰援
　　——芦山"4·20"地震阿坝州抗震救灾 ………………206
　　撤离在泥石流到来之前
　　——九寨沟玉瓦寨村"8·11"泥石流成功避灾………210
　　防范重于救灾
　　——汶川县龙溪乡阿尔村成功避险 ………………………211
　　"三位一体"构筑地灾防治的铜墙铁壁
　　——地质灾害防治的"汶川模式" ………………………212
　　藏寨震后重生　文化传承经典
　　——理县甘堡藏寨重建经验总结 …………………………217
　　高新技术为生命护航
　　——高新技术在"5·12"抗震救灾中应用 ……………219
　　防震减震技术的集成
　　——映秀重建中的抗震示范建筑 …………………………223

◆ **穿越灾难走向新生** ……………………………………………226
　　坚定不移地听从党的领导 ……………………………………226
　　坚信不疑地走中国特色社会主义道路 ………………………228
　　坚持不懈地推进科学重建高效重建 …………………………230
　　坚忍不拔地弘扬伟大的抗震救灾精神 ………………………231

◆ **参 考 文 献** …………………………………………………234
◆ **后　　　记** …………………………………………………235

十年多灾多难

2008年以来，阿坝州相继遭受"5·12"汶川特大地震、"4·20"芦山地震、"8·8"九寨沟地震，多次重（特）大地震交相叠加的影响使得山体稳定性降低，形成了大量新的地质灾害和地质灾害隐患点，全州地质灾害呈现出范围广、程度深、危害大、时间长四大鲜明特点。这些地质灾害破坏严重、损失巨大，极大地制约着全州经济的发展。

阿坝儿女的地震之殇

"5·12" 汶川特大地震载入中国地灾史

"5·12" 汶川特大地震发生于北京时间 2008 年 5 月 12 日 14 时 28 分 4.1 秒，震中位于中国四川省阿坝藏族羌族自治州汶川县境内、四川省省会成都市西北偏西方向 90 km 处。

灾区范围。受灾范围包括震中 50 km 范围内的县城和 200 km 范围内的大中城市，涉及极重灾区共 10 个县（市）、较重灾区共 41 个县（市、区）、一般灾区共 186 个县（市、区）。

灾害损失。汶川地震中遇难 69227 人、受伤 374643 人、失踪 17923 人，造成的直接经济损失达 8452 亿元。四川受灾最严重，占总损失的 91.3%，甘肃占总损失的 5.8%，陕西占总损失的 2.9%。国家统计局将损失指标分为 3 类：第一类是人员伤亡问题，第二类是财产损失问题，第三类是对自然环境的破坏问题。在财产损失中，房屋损失很大，其中民房和城市居民住房损失占总损失的 27.4%，学校、医院和其他非住宅用房损失占总损失的 20.4%，基础设施、道路、桥梁和其他城市基础设施损失占总损失的 21.9%，损失比例高达 70%。其中，地震造成阿坝州 69.3 万人受灾、20278 人遇难、7668 人失踪、45100 人受伤，直接经济损失达 902.70 亿元。州内交通及通信设施严重受损，多处县、乡、村成为"孤岛"，房屋及基础设施被严重损毁，自然生态环境受到严重破坏，农牧业产业严重受灾，工业基础被严重摧毁，以旅游为主导的服务业遭受重创。

地震成因复杂。印度洋板块向亚欧板块俯冲，造成青藏高原快速隆升导致地震。高原物质向东缓慢流动，在高原东缘沿龙门山构造带向东挤压，遇到四川盆地刚性地块的顽强阻挡，造成构造应力能量的长期积累，最终在龙门山北川—映秀地区突然释放，形成逆冲、右旋、挤压型断层地震。汶川特大地震发生在地壳脆—韧性转换带，震源深度为$10\sim20$ km，与地表接近，持续时间较长，因此破坏巨大，震感强烈。

地震烈度分布广。汶川特大地震的震中烈度高达11度，以四川省汶川县映秀镇和北川县县城两个中心呈长条状分布，面积约2419 km^2。其中，映秀11度区沿汶川—都江堰—彭州方向分布，北川11度区沿安县—北川—平武方向分布。汶川地震10度区面积约为3144 km^2，呈北东向狭长展布，东北端达四川省青川县，西南端达汶川县。9度区面积约7738 km^2，同样呈北东向狭长展布，东北端达甘肃省陇南市武都区和陕西省宁强县的交界地带，西南端达汶川县。8度区面积约27787 km^2，西南端达四川省宝兴县与芦山县，东北端达陕西省略阳县和宁强县。7度区面积约84449 km^2，西南端达四川省天全县，东北端达甘肃省两当县和陕西省凤县，最东为陕西省南郑区，最西为四川省小金县，最北为甘肃省天水市麦积区，最南为四川省雅安市雨城区。6度区面积约314906 km^2，一直延续到重庆市西部和云南省昭通市北端，其西南端为四川省九龙县、冕宁县和喜得县，东北端为甘肃省镇原县，最东为陕西省镇安县，最西为四川省道孚县，最北为宁夏回族自治区原州区，最南为四川省雷波县。

在龙门山前盆地边缘的过渡带，汶川地震烈度向东衰减得很快，西侧则衰减相对较缓。9度以上地区破坏极其严重，其分布区域紧靠发震断层，沿断层走向呈长条形状。其中，10度区和9度区边界受龙门山前山断裂错动影响，在绵竹市和什邡市山区向盆地方向突出，在都江堰市区也略有突出。同时，汶川地震烈度分布的南北也不对称：8度区和7度区范围向四周扩大，呈现为北东向的不规则椭圆形，且相同烈度的区域在北部比南部大，进入甘肃省和陕西省境内，显示出断层破裂向北东方向传播，最大余震发生在断层北部。

汶川大地震是中国自1949年以来破坏性最强、波及范围最广的一次地震，其地震的强度、烈度都超过了1976年的唐山大地震。

从震级上可以看出，汶川地震比唐山地震的震级稍强。国际上公认的唐山地震震级是7.8级，汶川地震震级是8.0级。

从地缘机制断层错动上看，唐山地震是拉张性的，是上盘往下掉；汶川地震是上盘往上升，影响要比唐山地震大。

从断层错动时间上看，唐山地震的断层错动时间是12.9秒，汶川地震则是22.2秒。错动时间越长，人们感受到强震的时间越长，也就是说，汶川地震期间建筑物的摆幅持续时间比唐山地震时要长。

从地震张量的指数上看，唐山地震是7.2级，汶川地震是9.4级，差别很大。

汶川地震波及的范围、造成的受灾面积比唐山地震大。汶川地震是挤压断裂，错动方向是北东方向，也就是说，汶川的北东方向受影响比较大，而西部情况相对好一些。

汶川地震诱发的地质灾害、次生灾害比唐山地震多得多。唐山地震主要发生在平原地区，汶川地震主要发生在山区，因此次生灾害、地质灾害的种类都不太一样。汶川地震易引发破坏性比较大的崩塌、滚石、滑坡等，比唐山地震的次生地质灾害要严重很多。另外，因为四川水系比较多，所以形成的堰塞湖与唐山地震相比也是不一样的。汶川地震震级比唐山地震震级稍微高一点，但能量大3倍，地震波及能量越大，地震传得越远，能在更远的距离内造成破坏。另外，汶川地震的位置也非常特殊。唐山地震发生在中国东部，因为东部地区延迟线比较薄，东部地震波衰减厉害，而四川的延迟线厚，所以地震波衰减慢。从这两个角度来说，汶川地震造成的影响要比唐山地震大。

旧伤初愈，"4·20"芦山地震再添新伤

2013年4月20日8时02分46秒，四川省雅安市芦山县龙门乡、

宝盛乡、太平镇交界处（北纬 30.3°，东经 103.0°）发生面波震级为 7.0 级的地震，最大烈度 9 度，受灾范围约 18682 km²。该地震仍然在龙门山断裂带上，与 2008 年发生的汶川地震有一定的关联性。地震造成的断层破裂长度为 35～40 km，震源深度集中分布在 15～25 km 之间，震源破裂持续时间为 30 秒左右，断层面上的最大滑动量达到 1.6 m。"5·12"汶川地震震中映秀镇距离"4·20"芦山地震震中大川镇仅 69 km。

根据《四川芦山"4·20"强烈地震灾害评估报告》，地震波及区域划分为极重灾区、重灾区、一般灾区和影响区。极重灾区和重灾区包括雅安市芦山县、雨城区、天全县、名山区、荥经县、宝兴县等 6 个县（区），以及邛崃市的 6 个乡镇，共 102 个乡镇，面积 10706 km²，区域内 2012 年末时总人口达 114.79 万人。

地震造成阿坝州 6 个县、84 个乡镇共计 88651 人受灾，造成 2 人死亡、2 人失踪、67 人受伤，紧急转移安置 567 人。经过"5·12"汶川地震的全面恢复重建，房屋、道路等经受住了大灾的考验，灾害应对更加科学有序。在全力做好受地震波及地区应急抢险工作的同时，由 2 名州级领导带队，组织 22 支 764 人应急抢险救援队伍，分批紧急赶赴宝兴和芦山重灾区，执行紧急救援任务，全力驰援雅安地震灾区抗震救灾工作。

唯美世界自然遗产再遭"8·8"九寨沟地震重创

2017 年 8 月 8 日 21 时 19 分 46 秒，四川省北部阿坝州九寨沟县发生 7.0 级地震，震中位于九寨沟核心景区西部 5 km 处的比芒村（北纬 33.20°，东经 103.82°），东距九寨沟县城永乐镇 39 km，南距松潘县 66 km，东北距舟曲县 83 km，东南距文县 85 km，西北距若尔盖县 90 km，东偏北距陇南市 105 km，距成都市 285 km。

地震伤亡损失。地震造成群众生命财产及交通、电力、通信等基础设施严重受损，九寨沟核心生态资源遭受重创。据中国地震局发布的四川省九寨沟 7.0 级地震烈度图统计，九寨沟、若尔盖、松潘、红原 4 县共计 53 个乡镇 313 个村（社）19768 户 110992 人不同程度受灾，造成 29 人死亡、1 人失踪、543 人受伤、73000 余间房屋受损。在九寨沟景区 32 处核心旅游景点中，有 30 处受到不同程度影响，其中 3 处景点遭到重创。

地震影响范围。兰州、成都、重庆、绵阳、西安等地震感强烈，九寨沟景区内 5 个居民点都有房屋倒塌和开裂的情况。成都铁路局紧急扣停部分列车。

地震烈度。2017 年 8 月 12 日，四川省地震局向社会公布了九寨沟 7.0 级地震烈度分布图及其震害特征。此次地震最大烈度为 9 度，等震线长轴总体呈北北西走向。9 度区涉及阿坝州九寨沟县漳扎镇，面积 139 km²。8 度区涉及阿坝州九寨沟县漳扎镇、大录乡、黑河乡、陵江乡、马家乡，面积 778 km²。7 度区涉及阿坝州九寨沟县、若尔盖县、松潘县，绵阳市平武县，面积 3372 km²。6 度区涉及阿坝州九寨沟县、若尔盖县、红原县、松潘县，绵阳市平武县，甘肃省陇南市文县，甘南藏族自治州舟曲县、迭部县，面积 14006 km²。

地震灾害特点。根据现场调查数据、仪器观测以及对本地区历次地震震害的研究归纳，本次地震灾害具有如下几个特点：一是此次地震震级大，达到了 7.0 级；震源偏深，达 20 km；地震影响范围除四川外，还包括甘肃部分地区。重灾区除景区人口集中外，其他区域村寨稀疏，总体人口密度较低，加之近年来当地防震减灾能力不断提升，因而本次地震人员伤亡和建筑物损毁程度都远低于青海玉树 7.1 级地震、四川芦山 7.0 级地震、云南鲁甸 6.5 级地震。二是九寨沟县及附近区域设防烈度为 8 度，震区房屋建筑抗震设防水平较高，抗震性能总体较好，特别是汶川地震恢复重建后的新建建筑达到了较高的抗震设防要求，经受住了此次地震的考验。阿坝州地震、住建等有关部门近年来加强了对农村民居抗震设防的管理和指导，从建筑设计、工匠培训、宣传教育等方面做了大量扎实工作，在这次地震中充分显现了成效。景区及城镇建筑物多采用框架结构，乡村传统民居多采用穿斗木结构，抗震性能较强，房屋倒塌和严重损毁的比例很低，有效地减少了人员伤亡。三是本次地震对九寨沟诺日朗瀑布、火花海等旅游景观和旅游基础设施造成了较严重的破坏，对当地自然景观和生态环境造成了较大影响。四是震区属于高山峡谷区，地震引发的次生地质灾害较为严重，导致人员伤亡和部分道路交通中断，增加了救援和人员转移安置难度。

震中九寨沟。九寨沟拥有世界自然遗产、世界生物圈保护区、国家5A级旅游区三项桂冠。震中位于九寨沟核心景区西部，周边200 km内近5年来发生3级以上地震共142次，震级最大的是本次地震。这次地震造成火花海下游溃坝，诺日朗瀑布局部垮塌，部分山体植被受损严重，景区道路、栈道等旅游基础设施损坏严重，其他景点受损不大，地质结构处于稳定状态。这里是地震、崩塌、滑坡、泥石流等地质灾害的多发地带，地震造成的损害并不难恢复，对九寨沟的景观与环境也不会有重大影响，但次生灾害隐患对旅游安全造成威胁，需要加强排查与防范，建筑抗震设防以及防灾减灾预案须进一步检查和完善。九寨沟景区在全省处于龙头地位，地震给旅游产业带来了重创，生态修复是一项从未有过的挑战。

地震灾害是阿坝州自然灾害之首。总体来看，强震沿地震带集中发生，具有明显的分带性。中国自北向南沿贺兰山、六盘山、秦岭、龙门山、大凉山一线，是南北地震带，该地震带长约400 km，宽70 km。南北地震带把我国分成了东、西两部分。西部地区的地震在频度和烈度上都远高于东部地区，往往西部发生5、6场地震，东部才发生1场。究其原因，主要是西部地区位于我国西南的印度板块与青藏高原东缘之间，地处我国南北地震带的中部，其规模大而位置特殊。有史记载以来，以东经107°为界，西部共发生7级以上强震91次，东部只发生了27次（台湾地区和东北地区深震除外）。其中，1610—1900年龙门山地震带只有两次强震记载；而1900年后较为活跃，1900—2000年这100年间共发生5级以上地震14次，包括1900年邛崃地震、1913年北川地震、1933年理县和茂县地震、1940年茂县地震、1941年康定地震、1949年康定地震、1952年康定和汶川地震、1958年北川地震、1970年大邑地震、1976年松潘和平武地震、1999年绵竹地震。

然而，阿坝州恰好位于青藏高原东南缘，处于中国南北地震活动带中段,是中国新构造运动最强烈的地区,域内分布有龙门山、岷江、松岗、抚边、阿坝等众多活动断裂带,地震活跃,强震频发。从1933年到2017年的84年间,阿坝州境内发生了1933年叠溪7.5级地震、1976年松潘—平武两次7.2级地震、1989年小金6.6级地震、2008年汶川8.0级特大地震、2017年九寨沟7.0级地震,共计6次强烈地震。强震发生间隔平均约14年,其频率之高、震级之大,在全世界范围内都十分罕见,给全州各族人民生命财产带来了巨大威胁和损失。阿坝州全境均为地震烈度7度及以上地区,汶川、茂县、九寨沟、松潘4县为地震烈度8度区。2014年以来,阿坝州一直被中国地震局划为全国地震重点危险区,震情形势严峻。地震灾害具有突发性和不可预测性,频度较高,并会产生严重的次生灾害,对全州经济社会发展产生了很大影响。

震后映秀

山高沟深带来的泥石流灾害

强震埋藏祸根之"8·14"汶川特大泥石流

2010年8月14日凌晨3时,汶川县映秀镇红椿沟因连续强降雨发生特大泥石流(堆积体长约3.2 km、方量约70万立方米),形成壅塞体,导致岷江河水改道冲进映秀新区,造成映秀镇9135人(含施工人员)不同程度受灾,306人受困,31人失踪。映秀新城部分被淹(被淹房屋59栋,涉及居民701户、2800余人,城区被淹没面积达11.36万平方米),新城基础设施严重受损。全镇52间房屋受损,倒塌61间;农作物受灾114亩,绝收114亩;牲畜死亡422头(匹、只),11.2 km村道、10座(处)桥涵受损。映秀至卧龙形成了4处壅塞体,映日路中断,都汶路16处断道,正在建设的映汶高速路施工设施设备严重受损。因灾直接经济损失达63015.76万元。

此次灾害导致多处发生泥石流、塌方等灾害,除映秀镇外,汶川全县10余个乡镇交通、通信、电力中断,银杏乡毛家湾、东界脑村形成两处堰塞湖;银杏乡毛家湾发生约3万立方米的泥石流冲入岷江形成壅塞体,产生蓄水量350万~400万立方米、长度约2000 m的堰塞湖,淹没国道213线,威胁下游安全;银杏乡东界脑村下游2 km处发生泥石流,冲入岷江形成壅塞体,产生蓄水量400万立方米左右的堰塞湖,东界脑

"8·14"泥石流中的映秀

村安置房进水。这次泥石流灾害产生的巨大堆积体和破坏力,与"5·12"汶川地震之后沟谷中形成的松散地质状况有直接关系。

突如其来的"7·9"黑水泥石流

2012年7月9日18时左右,黑水县局部地区突降暴雨,导致双溜索乡俄瓜热十多沟发生特大泥石流,形成了长约840 m、宽40～50 m、深约10 m、体积约40万立方米的壅塞体,并阻断黑水河,形成了长约1000 m、宽约70 m的堰塞湖。湖内水量超过40万立方米,严重威胁着双溜索乡以下沿河乡镇和茂县、汶川境内岷江两岸数万名群众的生命财产安全,对省道302线、国道213线交通生命线的畅通以及毛尔盖水电站库区大坝的安全构成严重危害。

灾情发生后,黑水县第一时间对受灾点和受威胁的群众进行了转移安置,将受阻河道下游6个乡的群众、施工人员、机关单位工作人员共

2000余人疏散至安全地带。同时立即通知下游茂县、汶川两县加强与抢险救灾指挥部的对接，做好沿途乡镇、施工单位的安全工作。在转移群众的同时，组织国土、水务、气象等部门技术人员开展抢险救援工作，调集工程机具向现场集结；组织公安、交通、公路部门控制并保护下游公路路基，启动交通管制，疏通车辆、疏散人员，确保人民群众生命财产安全。在此次抗击泥石流灾害的过程中，距离堰塞湖仅1 km的毛尔盖水电站第一时间暂停泄洪并下闸拦洪，为抢险救灾赢得了宝贵时间。

多点群发的"7·10"阿坝州特大山洪泥石流

2013年7月7日至7月15日，阿坝州普降大到暴雨，特别是"5·12"汶川特大地震极重灾区，由于遭受连日持续强降雨，诱发震后山地次生灾害，导致岷江上游支流多点群发流域性泥石流灾害。灾害造成全州13个县和卧龙地区98个乡（镇）17.5万人不同程度受灾；死亡16人，失踪20人，滞留游客34258人；道路交通、电力通信、工业、农业、旅游业、水利、市政基础设施等受损严重；直接经济损失达67.86亿元。

"7·10"泥石流后

此次灾害呈现出"多点群发"的特征，隐蔽性高、破坏性强，给人民群众的生命财产造成了严重损失，对全州工业、农业、旅游业和交通基础设施等造成了沉重打击。灾害导致从汶川、九寨沟、松潘、小金等方向进出阿坝州的国省道路、高速公路中断，汶川县多个乡镇电力、通信全面中断，再次成为"孤岛"。连接阿坝州和成都仅剩绕道甘孜丹巴、雅安石棉的一条生命通道，运距遥远，使阿坝州成为"半孤岛"，对全州群众的正常生活和经济造成了严重影响。

阿坝州地处横断山脉北端与川西北高山峡谷的接合部，境内多高山峡谷，水资源十分丰富，汛期降水量丰沛。由于特殊的地理位置和极端降雨天气影响，加之"5·12"汶川特大地震等多次地震严重破坏了地质环境，造成土质疏松、地质结构不稳定，加剧了泥石流的多发频发趋势。阿坝州最常见的泥石流是沟谷型泥石流和黏性泥石流。往往在连续降雨后，山坡或沟谷中的固体堆积物混杂在水中沿山坡或沟谷向下游快速流动，并在山坡坡脚或出山口的地方堆积下来形成冲击力和破坏力巨大的洪流。

阿坝州东起茂县凤仪镇，西至壤塘县杜柯乡，北到阿坝县安羌乡，南达小金县汗牛乡，均有泥石流分布，约占全州辖区面积的63%。泥石流遍布全州13个县（市），是全省乃至全国泥石流灾害易发区、多发区和高发区之一，同时也是泥石流灾害治理难度最大的区域之一。辖区内泥石流具有暴发突然、来势凶猛、发生迅速的特点，并兼有崩塌、滑坡和洪水破坏的双重作用，破坏程度比单一的崩塌、滑坡和洪水的危害更为广泛和严重。

防不胜防的崩塌灾害

雪山下的悲剧——"5·12"理县雪崩

2013年5月12日15时左右，理县朴头乡梭罗沟凉台沟杨柳林发生雪崩，事发地点位于海拔3900 m左右的高山，雪崩规模约75万立方米，造成5名理县籍上山采药人员失踪。经全力搜救，5名失踪人员先后被寻获，均已死亡。

理县凉台沟

这一事件也给全州人民敲响了警钟。在春季虫草采挖季，高海拔地区人员活动多，加之正是冰雪易结、易融时期，进行有效的灾害防范尤为必要。该县灾后立即组织国土、气象、防灾减灾等相关部门深入受灾乡镇，指导群众科学避灾、避险；公安、安监等相关职能部门加大对上山采药、养蜂等野外活动安全隐患的全面排查；各乡镇迅速组织召开村组会议，引导群众树立安全防范意识。

山区公路之痛——"7·17"茂县山体高位垮塌

2014年7月17日14时40分左右，茂县石大关乡境内（国道213线K774+600处）突发山体高位垮塌，垮塌体方量达3000余立方米，飞石砸中公路上过往车辆，造成10人死亡（其中8人当场死亡，1人送往医院途中死亡，1人经抢救无效死亡），22人受伤（其中7人重伤，15人轻伤），13辆车被砸，道路、输电线路、通信线路受损，国道213线交通中断，直接经济损失达1328万元。

7月17日19点53分，事故路段抢通，过往车辆可单边通行。20点30分起，由于天黑路况较差，且山体随时有塌方危险，该路段临时关闭。22时左右，事故现场再次发生塌方，飞石再一次把抢通的便道截断。因事故路段抢通后行车条件仍较差，交警引导过往车辆绕行。2200余辆滞留车辆及1万余名滞留人员全部安全疏散到松潘、黑水、茂县县城等地。阿坝州应急指挥中心立即进行部署，按照"横到边、纵到底、不留盲目、不留空白"的要求，各州、县有关部门再次对全州地质灾害及公路地质灾害风险隐患进行拉网式全面排查，努力防范类似灾害再次发生。

睡梦中的噩耗——"6·24"茂县叠溪山体高位垮塌

2017年6月24日5时45分，茂县叠溪镇新磨村新村组富贵山突发

"6·24"茂县山体高位垮塌后被掩埋的新磨村

高位山体滑坡灾害。垮塌方量约800万立方米，堵塞河道约2 km，滑坡体最大落差约1600 m，平面滑动距离2500～3000 m，46户村民被掩埋。截至6月27日上午10时，通过走村入户、户口比对、电话比对、群众质证等方式和社会各界的信息反馈，118名失联人员中共有35人确认安全，发现遇难者遗体10具，73人失联，仅有一家三口被救出。

该区域处于茂县叠溪区域，1933年曾发生7.5级地震，造成山体坍塌，岷江被拦腰斩断，叠溪及附近21个羌寨全部覆灭。加之受到"5·12"汶川地震的影响，该区域地质结构十分不稳定。此次崩塌发生之后，6月27日11时，四川茂县叠溪镇新磨村部分山体出现二次垮塌，这对灾区的重建是一场巨大考验。

阿坝州地貌以高原和高山峡谷为主，东南部为高山峡谷区，中部为山原区，西北部为高原区。境内崇山峻岭、沟壑纵横，从汶川漩口镇的最低海拔780 m攀升至四姑娘山的最高海拔6250 m，汶川、理县、茂县、松潘等岷江河谷及小金、金川等大渡河沿岸多属干热河谷，受多次地震

叠加影响，山体破碎、土层松散、岩体崩裂、坡体裂隙发育，加之植被覆盖差，在强烈地震、高温融雪、持续强降雨及不合理的人类活动影响下，陡坡上的岩体或者土体在重力作用下突然脱离山体发生崩落、滚动，极易发生崩塌。

崩塌活动遍布阿坝州东南部高山峡谷区和中部山原区，加之境内国省干线公路大多沿河傍山修建，近年来崩塌呈群发、多发、频发趋势，给人民群众造成了严重的生命财产损失，极大地制约和影响着地方经济社会发展。

多重诱因下的滑坡

祸从天降的"7·25"汶川彻底关山体滑坡

2009年7月25日4时40分,受连日大雨冲击,汶川县国道213线都汶路K44+200处发生山体滑坡。因山体滑坡造成彻底关大桥桥墩被垮塌的巨石砸断,导致两跨60 m的桥面坍塌,正在桥面上行驶的6辆车辆(其中货车5辆,微型面包车1辆)坠落桥底,1辆车悬挂桥面断裂处。事件导致6人死亡、12人受伤,道路交通中断,直接经济损失达1500万元。

国道213线都汶路是汶川特大地震后汇集多方力量重建的"生命线",也是整个阿坝州生产生活、灾后恢复重建、九寨沟黄金旅游线运输的"主动脉",每天平均约有1万辆以上的车辆通行。彻底关大桥是一座跨越岷江的桥梁,桥全长350 m左右,桥面净宽18 m左右,是国道213线由都江堰进入阿坝州的咽喉要地。桥体左侧的山体滑坡现象一直是威胁大桥的安全隐患。在汶川特大地震时,大桥曾被巨石砸断,新桥在汶川特大地震一周年之际,刚刚竣工就再次受损。

通过组织力量抢修,该大桥于2009年7月31日恢复通车。

成功预警的"4·8"汶川龙溪阿尔村山体滑坡

2018年4月8日19时50分,汶川县龙溪乡阿尔村阿尔组发生山体滑坡。经实地测量,该滑坡体宽约150 m、长约160 m,平均厚度4.1 m,总规模约10万立方米,为高位推移式滑坡。滑坡造成122户群众房屋不同程度损坏,其中22户群众房屋倒塌、10户群众房屋被掩埋。因预警撤离及时,阿尔组122户415名群众安全避险,实现零伤亡。

该村所处位置为地灾隐患点。2017年下半年,监测员发现隐患点有变形加剧迹象,汶川县国土资源局落实10名专职监测员开展监测预警工作。2018年4月3日,其中1名专职监测人员发现滑坡变形加剧,当地政府开始对部分受威胁群众陆续进行避险转移。4月8日18时,完成转移安置工作。19时50分许,该隐患点发生大规模滑坡。因专职监测体系运转高效,受地质灾害威胁的122户群众得以提前疏散转移,滑坡灾害未造成一人伤亡。

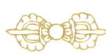

阿坝州地貌以高山峡谷为主,境内岷江、大渡河、涪江及其支流受河水侵蚀,切割深度达1000～2500 m,为滑坡和崩塌的形成提供了高陡的凌空面,坡体位能极大,普遍存在各种卸荷位移。在遭受多次地震的影响后,由于山体破碎、岩土结构松散、岩石风化,加之高陡边坡多,所以极易诱发滑坡灾害。

滑坡作为阿坝山区的主要自然灾害之一,受河流冲刷、地下水活动、地震及人工切坡等因素的影响频繁,斜坡上的土体或岩体在重力的作用下,沿着一定的软弱面或软弱带,整体或分散地顺坡向下滑动,这种现象十分普遍。当滑体坡体积达到一定量后,会给工农业生产以及人民生命财产造成巨大损失,甚至是毁灭性的灾难。

灾难发生之后

　　地质灾害发生后，党委、政府的应急响应是首要任务。应急响应是一种涉及因素多、技术含量高、时间要求紧、工作任务重和社会影响大的危机事件管理行为，也是一种跨阶段（覆盖地质灾害调查、监测、治理、管理等多个阶段）、高要求（反映最新减灾理念和科技水平）、大集成（多方面人员、信息、装备的整合与协调行动）、快反应（地质灾害防治的"120"和"119"）和求实效（体现防灾减灾效果）的非常规防灾减灾行动。由于问题的复杂性和应用的非常规性，加之阿坝州受自然条件和交通条件的制约，因此必须提升地质灾害应急响应的科学统筹能力和水平。

从"5·12"到"8·8"
——阿坝州重(特)大地质灾害应对启示

谁来决策指挥

决策的快捷性、科学性和指挥的有效性、协调性,往往决定着整个应急管理活动的成败,特别是应对特大型地质灾害。"5·12"汶川特大地震后的十年里,阿坝州接连发生10余次重(特)大地质灾害,时时刻刻考验着应急管理体制中的决策指挥。阿坝州政府部门作为抢险救灾主体,始终按照"统一领导、分工负责、分级管理、属地为主"的原则,不断在应急管理中完善决策机制。

 "5·12"汶川特大地震指挥部运转

"5·12"汶川地震不仅是新中国成立以来"空前惨烈"的一次特大地震灾害,而且其处置事项的紧迫性、多样性、复杂性以及决策指挥环境和条件的恶劣性,在世界应对自然灾害史上也极为罕见。地震发生后,国家、省、州、县立即启动Ⅰ级响应和应急预案,发布政府公告,上下紧急动员,迅速行动,急速奔赴灾区开展抗震救灾工作。中共阿坝州委办公室、阿坝州人民政府办公室印发《关于立即启动破坏性地震应急预案的紧急通知》《关于成立破坏性地震应急救灾指挥部的通知》。州级领导干部在第一时间,从不同方向徒步赶赴震中地区和汶川、理县、茂县等重灾县，在 5 个孤立无援的片区，第一时间组织开展自救互救；州委、州政府迅速组织州级各部门、各县干部 1 万多人，深入灾区指导群众开展抗灾自救，帮助群众恢复生产，做到了州级干部到县及震中地区、县级干部到乡、乡镇干部到村；从州县机关抽调 339 名县级干部，带队组建群众工作组，深入汶川、理县、茂县的每一个村（居委会），组织、发动和帮助受灾群众开展生产自救、卫生防疫、过渡安置和搭建简易房等工作。

"8·8" 九寨沟地震抢险救援指挥系统运转

2017 年 8 月 8 日 21 时 19 分，四川省阿坝州九寨沟县发生 7.0 级地震。四川省人民政府新闻办立即成立应急中心，对外发布相关消息。8 月 9 日凌晨，国家减灾委、民政部紧急启动国家Ⅲ级救灾应急响应，国家减灾委、国务院抗震救灾指挥部组成联合工作组赶赴灾区指导救灾工作。联合工作组由民政部、中国地震局、国家发改委、财政部、国土资源部、住房和城乡建设部、交通运输部、卫生计生委等部门人员组成，紧急赶赴灾区指导和帮助做好抢险救援、受灾群众紧急转移安置、伤病员救治和灾区交通通信抢通保通等各项救灾工作。

按照四川省地震应急预案，四川省委、省政府立即成立了 "8·8" 九寨沟地震抗震救灾应急指挥部，并启动Ⅰ级应急响应预案，抗震救灾工作全面启动。抗震救灾应急指挥部由四川省委书记王东明和四川省委副书记、四川省长尹力任指挥长。指挥部下设总值班室和医疗保障组、交通保障组、通信电力保障组、救灾物资组、宣传报道组 5 个工作组。

每次灾情发生后，从中央到地方的各级党委、政府及其职能部门均依法依规立即启动各自相应的应急预案进行应急响应，各层级立即进入紧急救灾状态，展开了一场同死神的"赛跑"。从党中央、国务院到中央有关职能部门，从军队到省、州、县（市）、乡镇紧急应变，短短几个小时之内就构建起一个强有力的、立体的指挥体系，并开始高速运转，展开救援处置行动。

灾难发生之后,党委、政府必须快速履行职责。《突发事件应对法》和《国家突发公共事件总体应急预案》均明确规定,当特大地质灾害发生后,应立即启动国家和受灾地区的相关应急预案,成立各级抗震救灾指挥机构,这是应对巨大灾难、实施救援处置必须采取的重大措施。在处理突发事件中,党委、政府因为拥有很大的组织优势、信息优势、动员优势、资源优势等,所以在处理突发事件的时候应占据核心地位。

阿坝州各级党委、政府秉持对历史负责、对人民负责的思想,历来高度重视应急组织指挥体系建设,全面系统地深入开展抗灾救灾实践,对成功经验和失误教训加以研究和总结,推进应急管理中决策指挥理论的全面发展,形成了一套可以经受考验的救灾指挥体系,即阿坝州减灾委员会(州救灾指挥部)工作体系。

总指挥——阿坝州减灾委员会(州救灾指挥部)

阿坝州减灾委员会(以下简称"州减灾委")为阿坝州自然灾害救助应急综合协调机构,负责组织、领导全州的自然灾害救助工作,协调开展全州重大自然灾害救助活动。发生重(特)大自然灾害后,州减灾委转为州救灾指挥部。

州救灾指挥部指挥长由分管副州长担任(特殊情况下由州委、州政府主要领导担任),副指挥长由州政府分管副秘书长、阿坝军分区司令部负责人、武警阿坝州支队负责人、民政局局长担任。成员包括州委宣传部(州政府新闻办)、州外事台侨办、州政府办公室(州应急办)、州民政局、州发改委、州经信委、州科技局、州财政局、州商务局、州教育局、州公安局、州监察局、州城乡建设住房局、州国土资源局、州环保局、州交通运输局、州水务局、州农业局、州畜牧兽医局、州林业局、州卫生局、州文化广播影视新闻出版局、州统计局、州安监局、州食品药监局、州防震减灾局、州科协、州红十字会、州气象局、州质监局、阿坝军分区司令部、武警阿坝支队、武警阿坝森林支队、州公安消防支队等单位负责同志。

州减灾委设立专家委员会，对州减灾救灾工作重大决策和重要规划提供政策咨询和建议，为州重大自然灾害的灾情评估、应急救助和灾后救助提出咨询意见。

推动者——州减灾委办公室（州救灾指挥部办公室）

"6·24"茂县山体垮塌现场会商

州减灾委成员单位按照各自职责做好自然灾害救助的相关工作。州减灾委办公室负责与相关部门、各县的沟通联络，组织开展灾情会商评估、灾害救助等工作，协调落实相关支持措施。州减灾委办公室工作由州民政局具体负责（办公室设在州民政局），办公室主任由州民政局负责人担任，指挥部办公室人员分别由州委宣传部、州政府办公室、州民政局、州水务局、州国土资源局、州防震减灾局、州农业局、州畜牧兽医局、州林业局等单位负责同志组成。

实施者——州救灾指挥部成员单位

州政府办公室（州政府应急办）：综合协调全州救灾工作。

州民政局：组织核查报告灾情，申请、管理、分配灾民救济款物；组织指导救灾捐赠；组织转移安置灾民；负责灾民倒塌房屋恢复重建的资金安排；负责州级救灾物资的组织储备调拨和供应工作。

州委宣传部（州政府新闻办）：负责灾情发生发展态势和抗灾救灾工作的宣传报道。

州发改委：负责将全州自然灾害防治规划纳入全州国民经济与社会发展规划，安排救灾建设项目，协调有关方面落实项目建设资金和灾后重建项目资金。

州经信委：协调做好应急供电、通信、成品油保障工作。

州科技局：负责防灾减灾科学研究课题的立项与鉴定；协同组织全州科技力量对重大减灾技术难题进行攻关研究。

州财政局：负责救灾资金筹集、拨付。

州商务局：负责保障市场供应。

州教育局：负责转移受灾学校的师生和财产，做好灾后学校教育、教学组织工作，协调有关部门共同做好灾后校舍恢复重建工作。

州公安局：负责灾区的社会治安管理工作，协助组织灾区群众紧急转移工作以及必要时的交通管制工作。

州国土资源局：负责地质灾害防治规划，组织开展地质灾害调查，编制防灾预案，建立群测群防体系，指导抢险救灾，实施地质灾害避险搬迁。

州城乡建设住房局：负责指导和组织开展城乡房屋和市政基础设施的灾后安全性应急评估工作，并根据需要组织开展过渡性安置点的规划、建设工作。

州环保局：负责灾区的环境监测。

州交通运输局：负责组织、指挥修复中断的国道、省道，确保交通畅通。

州水务局：承担州防汛抗旱指挥部的日常工作，组织、协调、指导全州防汛抢险工作，对主要河流的水实施调度，负责灾后水利设施的修复工作。

州畜牧兽医局：负责指导帮助灾区农牧业生产自救、恢复工作和农作物病虫害防治工作；承担州草原防火指挥部的日常工作。

州林业局：承担州护林防火指挥部的日常工作，组织、协调、指导、监督和检查全州森林防火、病虫害防治工作；负责指导帮助灾后林业生产自救和恢复工作。

州卫生局：负责调度卫生技术力量，组织抢救伤病员，对重大疫情、伤情实施紧急处置，防止疫情、疾病的发生、传播和蔓延。

州文化广播影视新闻出版局：负责做好防灾减灾科普宣传工作，播放减灾公益性广告，建立、健全重大灾害发生时的广播公共预警体系；组织灾后广播电视系统的抢修、恢复工作。

州统计局：协助分析、汇总灾情统计数据。

州安监局：负责安全生产及事故应急管理和重（特）大事故应急救援协调、指挥工作。

州防震减灾局：承担州防震减灾工作领导小组的日常工作；组织地震现场强余震监测和震情分析会商，及时提供震情发展趋势；会同有关部门组织地震现场灾害调查、灾害损失评估和科学考察工作。

州气象局：组织发布天气预测、预报，及时通报灾害天气实况，提出应对建议，针对干旱、森林火灾和冰雹等灾害组织开展人工影响天气作业，为防灾抗灾提供气象保障服务。

州食品药监局：负责灾区食品、药品管理工作和消毒用品、医药等供应工作。

州红十字会：负责组织、协调、指导县红十字会备灾救灾工作，依法接受国内外组织和个人的捐赠；及时向灾区群众和受难者提供急需的人道主义援助。

州外事台侨办：负责国际组织及港澳捐赠活动的协调、联络。

阿坝军分区司令部：负责组织协调驻州部队、民兵和预备役部队的抢险救灾工作。

武警阿坝支队、武警阿坝森林支队、州公安消防支队：负责组织、协调、指挥所属队伍的抢险救灾工作。

如何响应

重（特）大地质灾害应急响应分为"险情应急"和"灾情应急"。重（特）大地质灾害应急响应坚持"以人为本"的指导思想，其工作原则是突出"高效、有序"，以最合理、最科学、最快捷的方式应对突发性地质灾害。

"8·8"九寨沟地震应急响应

"8·8"九寨沟地震是继"5·12"汶川特大地震后，阿坝州遭受的最严重的地震灾害。由于在"5·12"汶川特大地震中积累了相对成熟的应急决策经验，此次地震的应急体系建立相对从容。灾情发生后，省、州、县立即启动Ⅰ级响应和应急预案。省、州、县党政主要领导第一时间赶赴灾害发生地，实地察看灾情，调度指挥。四川省委书记王东明和四川省委副书记、四川省长尹力现场召开会议，传达习近平总书记重要指示和李克强总理等中央领导重要批示，对抢险救援工作做出进一步安排。根据习近平总书记指示和李克强总理要求，国务院救灾工作组也第一时间抵达现场。

·视情而动·

按照一定标准将突发事件分级并赋予响应的预警标识,便于人们熟悉、操作。一旦突发事件来临,按照应急预案分级响应、合理组织、科学部署,才能有效、有序、有力地处置突发事件。《国家突发地质灾害应急预案》将地质灾害按危害程度和规模大小分为特大型、大型、中型、小型地质灾害险情和地质灾害灾情。

Ⅰ级——特大型地质灾害险情和灾情

受灾害威胁,需搬迁转移人数在 1000 人以上,或潜在可能造成的经济损失达 1 亿元以上的地质灾害险情为特大型地质灾害险情。

因灾死亡 30 人以上或因灾造成直接经济损失 1000 万元以上的地质灾害灾情为特大型地质灾害灾情。

Ⅱ级——大型地质灾害险情和灾情

受灾害威胁,需搬迁转移人数在 500 人以上、1000 人以下,或潜在经济损失达 5000 万元以上、1 亿元以下的地质灾害险情为大型地质灾害险情。

因灾死亡 10 人以上、30 人以下,或因灾造成直接经济损失 500 万元以上、1000 万元以下的地质灾害灾情为大型地质灾害灾情。

Ⅲ级——中型地质灾害险情和灾情

受灾害威胁,需搬迁转移人数在 100 人以上、500 人以下,或潜在经济损失达 500 万元以上、5000 万元以下的地质灾害险情为中型地质灾害险情。

因灾死亡 3 人以上、10 人以下,或因灾造成直接经济损失 100 万元以上、500 万元以下的地质灾害灾情为中型地质灾害灾情。

Ⅳ级——小型地质灾害险情和灾情

受灾害威胁,需搬迁转移人数在 100 人以下,或潜在经济损失在 500 万元以下的地质灾害险情为小型地质灾害险情。

因灾死亡3人以下，或因灾造成直接经济损失100万元以下的地质灾害灾情为小型地质灾害灾情。

·分层组织·

根据自然灾害的危害程度等因素，州减灾委设定了4个州级自然灾害救助应急响应等级。Ⅰ级响应由州减灾委主任（州人民政府副州长）统一组织、领导；Ⅱ级响应由州减灾委副主任（民政局局长）组织协调；Ⅲ级响应由州减灾委秘书长组织协调；Ⅳ级响应由州减灾委办公室组织协调。州减灾委各成员单位根据各级响应建议的需要，切实履行好本部门的职责。

在遭受灾情特别严重、损失特别巨大的巨灾情况下，由州人民政府统一组织领导；Ⅳ级响应以下的自然灾害，根据灾情由县级人民政府统一组织领导，必要时州上给予适当帮助。"8·8"九寨沟地震发生时，省、州都启动了Ⅰ级响应，又因震中为著名旅游区，所以由州委书记出任救灾指挥部指挥长。

·各司其职·

由州减灾委根据响应等级建议组织协调自然灾害救助工作。

（1）州减灾委办公室及时组织有关部门召开会商会，分析灾区形势，研究落实对灾区的救灾支持措施。

（2）派出由州减灾委副主任或民政局领导带队、有关部门参加的联合工作组赶赴灾区慰问受灾群众、核查灾情，协助指导各县（市）开展救灾工作。

（3）州减灾委办公室与灾区保持密切联系，及时掌握并按照有关规定统一发布灾情和救灾工作动态信息。有关部门组织领导新闻宣传工作。必要时，由州减灾委组织专家进行实时评估。

（4）根据县级申请和有关部门对灾情的核定情况，财政部门、民政部门及时下拨自然灾害生活补助资金。民政局为灾区紧急调拨自然灾害生活救助物资，指导、监督基层救灾应急措施的落实和自然灾害救助款物的发放；交通运输部门加强救灾物资运输组织协调，做好运输保障工作；城乡建设住房部门指导和组织开展城乡房屋和城乡基础设施的灾后安全性应急评估工作；卫生部门指导受灾地区做好医疗救治、卫生防疫和心理援助等工作。

（5）民政局视灾情组织开展救灾捐赠活动，统一接收、管理和分配国内国际救灾捐赠款物。州外事台侨办协助做好救灾的涉外工作。州红十字会、州慈善总会依法开展救灾募捐活动，参与救灾和伤员救治工作。

（6）灾情稳定后，州减灾委办公室指导受灾县评估、核定自然灾害损失情况，并按有关规定统一发布自然灾害损失情况，根据需要开展灾害社会心理影响评估，组织开展灾后救助和心理援助。

（7）州减灾委其他成员单位按照职责分工做好有关工作。

·过程管控·

重（特）大地质灾害应急响应技术支撑程序包括响应启动、调查评价、监测预警、会商定性、防控论证、决策指挥、实施检验和总结完善8个环节。

第一环节　响应启动

接报／收报：按《国家突发地质灾害应急预案》要求的程序逐级报送，随时关注互联网社会舆论和新闻媒体发布的信息，并及时下达国家管理机构的指令、指示或明电等。

技术准备：值班人员信息查询，技术人员组织到位，装备调集，智能系统准备，专家遴选与集结。

确定响应级别：确定响应级别后，立即进入防灾减灾响应程序。一旦接到警报后，应急响应体系包括指挥、测报、专家咨询、远程联络会商、现场指挥、应急物质、医疗救护等按照相应级别的突发地质灾害应急预案进入运作程序。

基本任务：响应程序按照《国家突发地质灾害应急预案》规定的程序启动Ⅰ级或Ⅱ级响应。

第二环节　调查评价

快速查明地质灾害体的地质结构和环境条件。调查任务是基本查明地质灾害体的规模、分布、破坏类型及其危害状况，观察影响地质体稳定性的环境条件、自身结构成分特点、长期作用因素及瞬时触发动力。工作方法是在充分搜集研究现有资料的基础上，对现场进行全面细致的考察，必要时进行不拘形式的明察暗访。在各种条件允许时，可利用实时RS（卫星）图像、GPS定位、全站仪、探地雷达、数码摄像、高倍数望远镜、激光扫描系统、快速物探技术、轻遥飞机等取得地质体的表面特征（DEM）、空间结构和环境要素等资料。

第三环节　监测预警

掌握地质灾害体的动态与发展趋势，判断地质灾害体的稳定状态、地质灾害险情大小和新隐患的位置、危害范围及可能的发生时间，为会商定性、处置方案论证和紧急避险提供依据。工作任务是基本查明地质灾害体的整体动态分布、关键位置的位移速率及其随时间的变化特点，提出预警预报和紧急撤离的判据和报警方式。

第四环节　会商定性

工作任务是根据调查和监测资料的全面分析论证，判定提出地质灾害体的成因机制，包括地质灾害险情或灾情的形成是自然演化的结果，还是人为引发作用占主导地位；地质体的破坏机制是前缘牵引式、后缘推动式、整体平移式，还是流态奔涌式、突然陷落式。地质灾害的成因定性是一项关系重大的工作，是对技术专家理论素养、工程经验、社会良知和行为胆略的全面考验，基本要求是既要定论于"快"，更要立足于"准"。工作方法是现场观察和会议会商相结合。条件允许时，可以开通远程传输会商系统，以便听取更多专家的意见，使结论尽可能准确，经得起检验。工作原则是以地质灾害体内外客观表现的具体事实为依据，以现有的工程地质基本理论为准则，力戒片面武断地下结论，更要杜绝有意回避主要矛盾的做法。

第五环节　防控论证

比选并提出依据科学、技术可行和经济合理的工程控制或搬迁避让方案。"科学"是指应急方案针对险情或灾情的成因机理"对症下药";"可行"是指工程技术方法比较成熟,操作流程简便易行,减灾成效显著,便于监测检验,且施工安全有保证;"合理"是指应急资金投入在可接受的水平。工程控制或搬迁避让方案论证的工作方法是在应急指挥部主持下,地方政府、技术专家组和应急抢险队等多方面参加联席会商会。根据设计对象的特点和减灾急需,依靠设计者的知识和经验,运用逻辑思维、综合判断和整体把握,正确地确定应急处置工程方案。在现场完成设计,更多的情况下是"边设计、边施工、边检验"。

第六环节　决策指挥

统一调度,保证报批等管理程序到位,落实应急资金、队伍和技术装备的配备。工作任务是根据应急响应的报批程序,应急指挥机构及时会商相应层级的政府负责人批准地质灾害定性结论、决策工程控制或搬迁避让方案和资金筹措办法,并协调相关职能部门及时执行到位。工作方式是应急指挥部和领导小组开展联络会议等,包括启用卫星传输远程实时会商系统、海事卫星电话、网络传输电话电传等。

第七环节　实施检验

工作任务是按决策的方案立即实施,保证把握应急响应的最佳时机,争取实现防灾减灾效益的最大化。地质灾害应急响应或搬迁避让工程属于救灾性质,不能按常规工程安排工期、任务和投资等。要力戒"议而不决、决而不动"现象的发生。工作方法是调动民兵应急分队、武警部队或专业工程单位实行连续作战,人停机不停,直至控制住险情或达到预期应急响应目标。由于是在地质灾害危险区施工,施工方式、工艺和施工安全措施应是特别强调的。在控制住地质灾害险情态势或抢险救灾基本完毕后,应提出应急阶段工作报告和下一步地质灾害防治建议。

第八环节 总结完善

一次应急响应结束后,在技术层面全面总结地质灾害发生的地质环境、引发因素、作用机理、类型所属、适用模型、智能系统决策支持成效、经验与教训等。一方面为后续的正常防灾减灾工程提供依据,另一方面为完善减灾规划、评估改进应急预案等提供参考。

8个阶段的目的、任务和工作方法是互为联系又彼此相对独立的,有时根据具体灾害事件的情形表现为相互交叉、相互合并,或者某些环节非常突出,成为重中之重,而另一些环节则不明显,甚至不出现。8个阶段在"险情应急"和"灾情应急"两类情形下的具体内容也是不完全相同的。"险情应急"可能覆盖8个阶段,"灾情应急"则在调查评价、会商定性、决策指挥和实施检验方面对技术专家的要求更为严格。因为前者是为了避免灾害或灾难,后者则以救死扶伤、界定责任和减轻损失为核心。

·适时而止·

经专家组鉴定地质灾害险情或灾情已消除或者得到有效控制后,由州减灾委办公室提出终止建议,由州减灾委决定终止应急响应。

指挥中枢高效运转

随着救援工作的逐步展开、灾情的逐步明晰，需要各级指挥部综合考虑各方面因素，妥善协调各种关系，处理好各种问题。与之相适应的决策方式就是研究决策，也就是由指挥机构召开会议，形成文件、规定、办法、公告等决策，并全力推动落实。细数历次灾害，各级地方指挥机构成立之时，均建立、执行了基本的工作制度来保障决策指挥工作的顺利运转。

· 协调各方力量 ·

"5·12"汶川特大地震部队及各方力量参与

"5·12"汶川地震后，除了第一时间灾区民众和基层社会自发组织进行的自救互救以外，国家几乎动员了一切可以动员的力量，共调动了15万军队、91支专业救援队以及大量的救援装备和救援器材投入生命救援。社会各界的志愿者以空前的规模参加救援，国家还首次以开放的姿态接受境外救援力量的援助。

"8·8"九寨沟地震社会救援组织和志愿者管理

"8·8"九寨沟地震发生后,四川省委第一时间成立四川省"8·8"社会组织和志愿者协调中心作为协调众多社会组织和志愿者的平台和枢纽,开展社会组织和志愿者登记报备、服务需求对接、外派救援等工作。共有191家社会组织在中心报备,其中74家社会组织抵达九寨沟县并按照指挥部调配统一开展相关工作,2000余名志愿者在中心报备。

2017年8月10日,"8·8"九寨沟地震抗震救灾指挥部发出公告:鉴于高原山区作业空间有限等实际情况,指挥部将重点组织专业队伍开展救援工作。请社会救援组织和志愿者不再自行前往,请已进入的社会救援力量按照统一安排部署有序转移撤离。

经过四川省"8·8"社会组织和志愿者协调中心工作人员的努力,成都市义工联天廷救援队、眉山市地震应急救援队、唐山天佑救援队、贵州众志应急通信救援队等16家组织积极响应,共撤离志愿者123人。

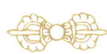

地质灾害事发突然、破坏力强,往往导致交通和通信瞬间中断,造成灾情信息不明、上级救援决策不能及时通达等问题。这就要求灾区各级指挥机构展开紧急状态下的应急型决策,在请求力量增援和人员分配上,要坚持"统一指挥、分工负责、属地管理、科学调配"的原则,统筹好武装救援、专业救援以及其他救援力量。特别是受灾乡镇干部,必须在第一时间临危不乱,果断决策,靠前指挥。

每次灾难救援中,都会有大批志愿者和民间救援力量参加。阿坝州地处山区和高寒地带,交通运输能力有限,救援地作业面一般较为狭小,一方面需要全面管理这些人员,引导其有序进入,不需要更多力量时及时劝返;另一方面需要结合实际来调配民间力量,发挥他们的救灾特长。

· 统筹救灾物资 ·

 "5·12"汶川特大地震救灾物资管理

"5·12"汶川特大地震发生后,在阿坝州委、州政府和州抗震救灾指挥部的领导下,两级民政部门把抗震救灾作为首要任务,截至当年10月,核实符合发放临时生活补助对象371608人,发放资金33358.2万元、口粮15744吨;依照《四川省人民政府关于对汶川地震灾区困难群众实施后续生活救助有关问题的通知》要求,进一步核实需后续救助对象304476人,由州财政局按月全额预拨补助资金至各县兑付;将未纳入后续补助范围县的困难群众及后续救助到期仍生活困难的群众纳入城乡低保、农村五保和冬春受灾群众生活困难救助;同步新建自建过渡房80476套,发放自建过渡安置房补助资金16012万元,安置城乡受灾群众114088户404280人,其中,安置农村人口83901户337385人,安置城镇人口30187户66895人。

指挥机构的另一项重要职能就是要切实加强后勤保障,做好物资统筹、协调和调配工作。及时下拨应急救灾资金,确保灾区群众和救援队伍的基本生活,并根据灾区需求加大支持力度。要抓住灾区道路打通、各方面大力支持的有利条件,及时有序地调运和分发物资,确保灾区群众和救援部队有饭吃、有干净水喝、有临时住所住。

应急值守

"5·12"汶川特大地震应急值守

"5·12"汶川地震期间，州级部门及部分县实行24小时"双套值班制度"，即一套班子在指挥部应急值守，一套班子外出巡查，以便及时掌控区域内的灾情信息，在第一时间对突发性灾情采取抢险措施。

"7·10"阿坝州特大山洪泥石流应急值守

在应对"7·10"特大山洪泥石流灾害时，抢险救灾指挥部周密地部署暴雨期间各项安全生产防御工作，特别是地质灾害应急处置工作，严格落实24小时轮流值班制度；同时，安排专业人员对现有地质灾害隐患点进行排查并督促监测处做好观测工作，一旦发现灾情、险情及时上报。

在启动应急响应和收到重大灾害预警后，各级应急指挥机构均实行24小时应急值守和督查制度。通过强化值班制度和领导带班制，落实岗位职责以及值班督查职能，确保在关键时候有人发现险情，及时上报情况，第一时间应对突发事件。

· 每日会商 ·

"7·10"阿坝州特大山洪泥石流决策部署

2013年7月13日凌晨,阿坝州委书记刘作明在茂县主持召开紧急会议,专题听取茂县抗洪救灾情况汇报,研究部署抢险救援相关工作;7月13日上午,在汶川县人大四楼会议室主持召开专题会议,研究汶川县抗击"7·10"特大山洪泥石流灾害有关问题;7月13日下午,在汶川县人大四楼会议室主持召开专题会议,统筹推进抗击灾害相关工作,研究灾后重建相关事宜。

"6·24"茂县叠溪山体高位垮塌决策部署

2017年6月25日00:10,阿坝州委书记刘作明在松坪沟游客中心主持召开指挥部第一次会议,研究当前抢险救援工作;6月25日22:00,指挥部召开第二次会议,就当前抢险救灾工作做进一步安排部署。

各级抢险救灾指挥部严格落实职责,均规定每日召开例会,对当天各方面工作情况进行汇总报告、分析总结、梳理问题,对重大问题、重要举措和突出困难进行商讨,对第二天的工作进行具体安排部署。通过这些指挥机构会议,进一步明确工作思路和工作重点,为下一步抢险救灾工作指明工作方向、提出具体要求。

信息报送和管理

"6·24"茂县山体垮塌首报信息

2017年6月24日07：20，接茂县应急办电话报告，当日凌晨该县叠溪镇新磨村发生山体滑坡，造成部分农房被掩埋，河道被堵塞，正在核实人员伤亡情况。茂县已组织力量赶赴现场开展现场救援及灾情核实工作。

相关情况续报。

"6·24"茂县山体垮塌（续报十四）信息

现将今日现场抢险救灾情况报告如下：

今日上午，我州在现场参与抢险救援的救援人员2211人，抢险机具120台。

由于受灾地自然地理情况特殊，极易发生次生灾害，必须加强救援现场预警预测，根据救援现场情况变化，随时调整作业面，及时调配现场救援力量，必须在专家指定区域开展作业，强化现场调度指挥，坚决确保不因发生次生灾害引发新的人员伤亡。

全州境内全面落实排险除危、紧急避让和全天候监测等措施，对新发现地灾隐患，均采取一切必要措施，确保人民群众生命安全。

成立思想劝导、心理抚慰、救援宣传、转移安置、丧葬抚恤和群众接待6个工作小组，组织州县乡村四级工作力量350人，集中应急安置、投亲靠友、分散安置302人，向受灾群众发放生活必需品，保障基本生活需要。按照国家标准及时发放临时性生活补助，加快落实过渡安置政策，谋划长期安置整体规划，受灾群众情绪总体稳定。

相关情况续报。

"8·8"九寨沟地震首报信息

据阿坝州地震台网测定，2017年8月8日21时19分，阿坝州九寨沟县漳扎镇附近（北纬33.2°，东经103.82°）发生7.0级地震，震源深度为20 km。事发后，州政府通过应急通信向九寨沟县了解震情，目前因通信受阻暂未接到进一步报告，州长杨克宁已率相关部门负责人赶赴现场。

"8·8"九寨沟地震（续报二十二）信息

接松潘县应急办书面报告，"8·8"九寨沟地震发生后，松潘县积极响应、主动作为、全力支援。一是迅速组织人武、消防、公路、公安、医院等部门携带80余辆抢险机具和各种救援保障车辆紧急赶赴灾区开展道路抢通、医疗救护和通信保障等工作，打通九黄机场通往震中地区的疏散转移通道；二是组织筹备帐篷、棉衣、食物、矿泉水等各种物资，紧急调拨灾区；三是赶赴灾区后，积极协助开展被困游客的疏散转移工作。截至目前，共出动救援人员900余人次，抢通救援临时通道21 km，设立咨询服务点16处，参与疏散转移滞留游客2200余人。

相关情况续报。

突发事件信息贯穿突发事件应对处置的全过程。初次报告要"接报即报"，包括重大紧急突发事件发生的时间、地点、类别和简要情况，信息来源和接报时间，先期处置情况及联系方式。阶段报告要"及时续报"，及时将灾害处置的最新情况、应急处置的阶段性进展、事件发展的趋势、即将开展的工作等信息上报。总结报告要将事件发生及处置情况进行总结，主要包括重大紧急突发事件情况，包括突发公共事件发生的时间、地点、原因、性质、涉及的人员和财产、事件分类和分级等情况；重大紧急突发事件的报告情况，包括接报时间、初报时间及阶段报告等情况；重大紧急突发事件的处置情况，包括应急预案启动的时间、数量、名称等情况；开展应急处置的领导、部门、人员和设备的到场情况；领导的指示和采取的主要措施；人员伤亡和财产损失情况；事态影响的范围、发展和控制情况；善后处理情况，包括死者抚恤、伤者救治、受灾人员安置等情况；受损财物的赔偿补偿、恢复重建等情况；相关责任单位、责任人的处理和采取的相应措施等情况。

信息报送工作在应急管理工作中发挥着引领作用。为了做好信息报送工作，阿坝州坚持第一时间掌握实情、第一时间研判、第一时间审批、第一时间报送。明确信息共享和信息归口统一管理机制，要求各职能部门向上级业务主管部门报送重大紧急信息时必须首先向州委、州政府报送，重大情况要经州委、州政府会商核实后再归口上报，防止信息"政出多门、口径不一"的问题。同时，对不按规定报送信息、迟报漏报误报的单位进行通报并追究责任，严肃纪律。

· 工作简报 ·

 "6·24"茂县叠溪山体垮塌灾害救灾指挥部工作简报

阿坝州扎实推进"6·24"茂县叠溪山体垮塌灾害灾后工作，确保灾区群众生产生活平稳有序

"6·24"茂县叠溪山体垮塌灾害发生后，阿坝州坚决贯彻落实中央领导指示批示精神，按照四川省委、省政府工作安排部署，有力、有序、有效地推进灾后各项工作，确保灾区群众生产生活平稳有序。

（1）抢险救灾工作责任压紧压实。根据省委、省政府的安排部署，

2017年7月2日，抢险救灾工作转入第二阶段，州委、州政府成立了"6·24"茂县叠溪山体垮塌灾害抢险救灾第二阶段指挥部，设立综合协调、群众工作、规划重建、监测预警、社会秩序、宣传报道6个工作组，制定印发《"6·24"茂县叠溪山体垮塌灾害集中安置点管理办法》《群众工作组工作纪律制度》《群众工作组一对一帮扶职责》等工作制度，层层分解任务，压紧压实责任，集中打好抢险救灾攻坚战。

（2）受灾群众得到及时稳妥安置。按照"大分散、小集中"的过渡安置原则，通过"一对一"方式走访了解受灾群众过渡安置诉求和意愿。目前，新磨村58户141名受灾群众已通过投亲靠友、租房等方式进行过渡安置，其中投亲靠友23户46人，租房35户95人。同时，群众工作组安排10名工作人员接待来访受灾群众，妥善解决群众意愿诉求，切实做好受灾群众过渡安置期间服务保障工作，全力保障受灾群众基本生活。

（3）次生地质灾害防范有力有效。坚持把群众生命财产安全放在第一位，组织国土、地质等专家、技术人员200余人次，多次踏勘现场地灾隐患点，提出科学防治措施。在受灾区域、塌方点两端设置卡点和监测点，安排警力、预警人员对受灾区域进行严格的交通管制和安全监测，在灾害核心区设置全站测绘仪，利用先进的三维激光扫描技术无人机对滑坡变形体、滑源区和两河口村不稳定斜坡进行24小时监测。同时，在全州范围内开展地质灾害排查，排查隐患点3000余处，紧急避险转移群众1000余人，全力确保人民群众生命财产安全。

（4）灾区信息新闻发布及时准确。确立以新华社、中央电视台、四川日报、四川电视台等中央、省级媒体为权威发布，确保对外新闻消息准确、及时、无误。截至目前，各级各类媒体发布报道"6·24"茂县叠溪山体突发高位垮塌灾害灾情和救援相关稿件共计2300余篇（条），拍摄灾情和救灾照片1300余幅，通过茂县电视台、"微茂县"官方微博平台、"微茂县"官方微信平台、"中国茂县"政府门户网站及时发布相关消息340余条，处理和引导相关网络舆情信息60余条。

（5）灾后恢复重建规划迅速启动。组织州县发改、交通、水利、建设、财政等部门加强与省级对口部门的联系，争取政策和项目支持。组织相关部门专家、技术人员、工作人员深入现场踏勘，为科学编制灾后恢复重建规划收集数据、征集意见。截至目前，"6·24"茂县叠溪镇新磨村灾后恢复重建规划已经编制完成，正在送审和修改完善过程中，待规划审定批准后加紧实施。

（6）受灾群众慰问资金及时发放。高度重视受灾群众慰问金发放工作，对178名受灾群众（含避险搬迁12户），按照700元/人的标准，发放慰问金12.46万元；对紧急避险的172人发放避险安置费5.16万元；对"6·24"灾害造成房屋损毁且需过渡安置的58户受灾农户按照5000元/户标准及时发放过渡安置费29万元；对"6·24"灾害74名遇难人员（另外9名遇难人员家属的银行卡号等资料尚未提供，待提供后将及时发放）的家属（直系亲属）按照1.5万元/人标准发放家属慰问金111万元，所有资金发放通过政府门户网站、宣传公开栏进行公示，确保资金发放阳光透明。

（7）受灾群众就学就业稳步推进。根据受灾群众就学就业需求，及时与社会爱心企业联系，切实解决受灾群众在就学就业方面的困难，积极制定就学帮扶工作方案，着力解决"6·24"灾害导致的50名受灾学生在住宿、生活、交通等方面存在的困难。就业方面，提供各类备选就业岗位2429个，梳理筛选出130个就业岗位，已有34名受灾群众有就业意愿。切实关心关爱受灾家庭干部职工，了解失联（遇难）家庭中外县工作人员意愿需求，目前有7名州内工作人员拟调回茂县工作。

（8）灾区群众感恩教育有序开展。始终把群众感恩教育作为弘扬社会正能量的有效途径，坚持"面对面、拉家常"的方式向受灾群众传达党中央、国务院的亲切关怀和各级党委、政府、社会各界的无私援助，多次召开群众大会，向受灾群众宣传社会主义"集中力量办大事"的优越制度，讲解国家过渡安置政策和有关法律知识等。加强新闻媒体宣传报道抢险救灾中涌现出的先进事迹，制作"同甘苦共患难、干群团结渡难关""干部群众一条心、战胜困难有信心"等通俗易懂的宣传标语，积极营造感恩奋进氛围，切实增强受灾群众感恩意识。

下一步，阿坝州将继续按照省委、省政府的统一部署，切实抓好地质灾害隐患排查、群众安抚安置工作，加快推进灾后重建规划实施，稳步推进灾后恢复重建工作。一是做好地质灾害排查和防治，组织力量重点加强受灾区域24小时监测和值守，切实维护广大人民群众生命财产安全；二是继续做好群众工作，耐心细致做好安抚，加强心理疏导，强化人文关怀，让受灾群众切身感受到党和政府的温暖；三是切实抓好灾后重建工作，加快制定、修改、完善灾后重建规划，待审定批准后立即实施，在灾后重建过程中，加强项目和资金监管，确保项目资金安全；四是根据受灾群众就学就业需求，加大与社会爱心企业的联系，加强受灾群众技能培训，促进受灾群众就学就业；五是加强群众感恩教育，继续强化灾后重建政策宣传，大力弘扬抗灾救灾精神，不断加强社会正能量宣传，积极营造良好的舆论环境。

"8·8"九寨沟地震抗震救灾指挥部工作简报

三项统筹、六条措施，全力推进阿坝州整体工作协调发展

2017年8月14日晚，阿坝州委、州政府在九寨沟县召开全州领导干部电视电话会议，通报"8·8"九寨沟7.0级地震灾情及抢险救灾工作情况，统筹抗震救灾与恢复重建同步实施，统筹恢复重建与"发展、民生、稳定"三件大事整体推进，统筹受灾县与其他县协调发展，对下一步全州各项工作进行安排部署。

一要抓好灾后恢复重建。全面贯彻落实省指挥部和王东明书记重要指示和要求，坚定不移地抓好抗震救灾和恢复重建，在全力抓好群众安置工作的同时，提前谋划启动重建规划的编制。参照康定、芦山地震重建政策及措施，积极争取中央、省对灾后恢复重建的支持。以地方为主，不等不靠，坚持以人为本、以生态为重、以基础设施重建为先，坚持科学重建和脱贫攻坚相结合、科学重建和旅游产业振兴相结合、传统村落保护与民族文化振兴相结合，启动和推进住房重建、生态修复、自然遗产保护等工作。

二要抓紧工作目标任务。大灾大难面前，全州各县要坚持既定发展目标不变、任务不减、标准不降，主攻薄弱环节，围绕"发展、民生、稳定"三件大事和脱贫攻坚、防灾减灾、环保大督查等重点工作，保持目标不变、思路不变，狠抓重点、突破瓶颈。

三要抓实近期工作重点。一是除九寨沟县外，其余4个脱贫摘帽县的脱贫攻坚工作要不等不靠、抢抓机遇，全力确保脱贫任务；二是深刻吸取凉山州普格县泥石流灾害教训，举一反三，落实责任，强化措施，切实做好防汛防地灾工作；三是工业经济要勇挑大梁，农业供给侧结构性调整保增长，加大投资促增长，尽快完成竣工项目的验收、审计和决算，盘活固定资产存量，力保经济平稳增长；四是抓紧实施省十项民生工程、20件民生实事等项目，有序、有效地推进民生保障；五是主动接受环保督察，加强与督察组事先、事中、事后全程交流沟通，按照督察组要求立说立行、边督边改；六是认真落实"两学一做"学习教育常态化制度化要求，深入践行群众路线，用坚强的党性、严明的纪律、求实的作风，确保全州各项工作特别是重点工作的全面推进。

各受灾地区指挥部均建立和实行编制工作简报制度，主要是在各成员单位之间通报工作开展情况、通报指挥部等指挥机构会议决定、提出当前工作任务提醒需要注意和关注的重点。同时，还可以反映抢险救灾中出现的感人事迹，以鼓舞士气、振奋精神。据不完全统计，"5·12"汶川地震期间，各县（市）、州级层面编制工作简报均在百期以上，为反映灾区受灾情况、救援详细进展等提供了重要支持。

火速行动在灾害一线

· 生命至上 ·

灾害发生,意味着群众生命财产安全受到严重威胁。生命是最宝贵的,坚持以人为本,秉持生命至上,以抢救生命为第一要务,抓紧72小时黄金救援期开展生命搜救,科学、有序、有力地启动各项应急救援工作,不到最后一刻绝不放弃,确保生命不息、救援不止。

◆ 自救互救

"5·12"汶川特大地震映秀小学自救互救

"5·12"汶川特大地震后,通往震中映秀镇的道路被毁、通信中断,外部救援一时无法到达,学校必须进行自救。特大地震发生后6分钟,眼见教学楼、综合楼、宿舍楼全部变成一片废墟,大部分师生被埋在3幢主体建筑废墟下,汶川县映秀小学校长谭国强、董雪峰和幸存的教师与学校隔壁阿坝州烟草公司的16名职工立即奔向学校组织救援。

随后救援组赶到，许多家长也陆续赶到，人们拿着钢丝绳、麻绳、钳子、撬棍、钢钎等工具开展救援。幸存的教师们用双手救出 50 名学生。震前，映秀小学共有 473 名学生，47 名教职工。震后幸存学生仅 251 人，遇难 222 人；教职工幸存 27 人，遇难 20 人。

"5·12"汶川特大地震灾区群众自救

"5·12"汶川特大地震后，威州镇双河村村民郑勇第一时间率领数十名群众，搭起一道道人墙护栏，手把手地把老人、妇女和儿童护送至安全地带；汶川县人民医院医生周韵与同事们在地震发生 1 天内就抢救危重伤病员 100 多人，治疗伤病员 1000 余人。

"7·10"阿坝州特大山洪泥石流基层干部施救

2013 年 7 月 4 日起，阿坝州遭遇强降雨，局部地区出现暴雨、大暴雨。7 月 9 日，暴雨引发国道 213 线兴文坪下场口处和兴文坪通组公路同时发生坡面泥石流，导致道路被彻底掩埋。在接到灾情后，银杏乡党委书记蔡代敏临危不乱，第一时间组建了乡群众转移小组。7 月 10 日晚，由于雨量较大，随时有爆发坡面泥石流的可能，严重威胁一碗水村联建房 86 户农户和兴文坪 46 户村民的生命安全。经过群众转移小组一个多小时的动员，486 名村民终于被说服，统一安置在银杏小学集中避险，全乡伤亡失踪数字为零，创造了银杏乡抗洪救灾的新奇迹。

作为突发事件的可能受害者，在预防突发事件、应对突发事件的过程中，群众自救互救意识和能力是减少伤亡的关键因素。群众在突发事

件中采取行动积极自救和互救来赢得时间意味着留住更多生命。在自救互救的过程中，一是要加强群众自救的信心，力争第一时间脱离危险；二是要抓好村、社区、自然小组等基层组织的牵头作用，有灾情时能第一时间组织自救互救；三是要采取就近集中的方式组织医疗救护力量，以最快的速度进行施救。

◆ 部队救援

 "5·12"汶川特大地震空中救援

2008年5月12日14时45分，原成都军区作战值班室向陆军第13集团军陆航二团下达"出动两架直升机，赴都江堰、映秀汶川侦察地震灾情，进行空中航拍"的号令。15时15分，陆航二团两架直升机在航路降中雨的情况下冒着撞山危险强行起飞，飞至紫坪铺水库上空后，因天气条件恶劣，能见度极低，遂返回都江堰航拍灾情。5月14日9时45分，陆航二团两架直升机第一次飞抵汶川映秀镇上空，向灾区空投食品、药品、矿泉水等物资。10时20分，陆航二团3架直升机运送成都军区通信部和通信团10名官兵组成的通信分队携带通信设备进入汶川县城，并在牛脑赛山顶部降落；5月15日13时55分，通信分队抢通应急通信枢纽，汶川县城恢复与外界通信联系。

 "5·12"汶川特大地震空运空投行动保障

针对平均每日近400次直升机救援请求，外区陆航部队对高原山区空域、地形及气象条件不熟，汶川、理县、茂县等重点灾区的救援任务实际交由陆航二团担任；打破常规，特事特办，同步实施计划申请和救援行动。各陆航部队以实战标准,超条件、超强度、超负荷飞行,在抗震救灾中,空运空投物资 6900 余吨,运送救灾物资 152 万吨。从 2008 年 5 月 12 日至 8 月 23 日的抗震救灾中,陆航二团先后出动直升机 31 架,飞行 2073 架次、1715 小时 7 分钟,向灾区运送各类救灾物资 661.3 吨,运送伤员 1128 人,转移被困游客、群众 2171 人,向灾区运送医疗人员、技术人员、专家、新闻记者等总计 3470 人。

"5·12"汶川特大地震灾区军人救助群众

武警 8740 部队后勤部运输科科长刘友宏奉命带领汽车营驾驶员复训队 69 名官兵、19 辆运输车外出执行任务,当车行至距汶川县城 18 km 的绵虒镇高店村时地震发生。刘友宏立即命令部队停车,成功避险,无一人受伤,无一车毁损。2008 年 5 月 12 日 14 时 35 分,刘友宏和汽车营营长程良刚决定成立临时党支部,并成立 3 个救援队,分别带队进村救人,相继从废墟里救出被压埋的 130 余名群众。时至 18 时,转移伤

滔天洪水下的坚守

员 80 余名，将附近所有学生、村民和游客都转移到安全地带。

在历次重大自然灾害中，解放军、武警部队是救援的中坚骨干力量，经常执行"急、难、险、重"紧急救援任务，如空运、空投、突击救援等攻坚克难的重大任务。为保障抢险救援和抗灾救灾工作中攻坚任务的完成，指挥部要加强与部队的联系和沟通，为其提供必要保障，确保这支力量用到最急需、最困难、最危险的地方，发挥其救灾抢险中坚力量的作用。

◆ 全面搜救

"5·12"汶川特大地震大搜救

"5·12"汶川特大地震后，在抢险救援、搜救被困群众的行动中，共投入解放军、武警部队、公安民警、民兵预备役、医务人员、专业搜救队等几十万人，志愿者 100 多万人，还有数量巨大的当地干部群众，共成功搜救出 84000 余人。

"8·8"九寨沟地震大搜救

"8·8"九寨沟地震发生后第一时间，当地组织救援力量 2500 多人、青年志愿者 420 多人，投入大型机械 90 多台，全力开展抢险搜救工作。从周边市县调派警力 1500 多人，会同当地救援力量逐村逐户开展搜救。同时，成立军地前线联合指挥体系，协调西部战区陆军航空兵某陆航旅，

巨石下的搜救

派出多架军用直升机参与搜寻被困人员,派出西林凤腾通用航空公司两架小型直升机救出10名被困群众。

  全面搜救被掩埋、被围困群众需统筹调度公安民警、消防官兵、民兵预备役人员和专业搜救力量,并充分发挥专业救援人员、部队和当地获救干部群众的作用,利用生命探测仪、搜救犬等各种手段,进村入户开展地毯式、拉网式全面搜救,全力以赴搜救可能生还人员。同时,当地公安和乡村两级组织要加大对失联人员的排查力度,尽快落实失联人员去向,全面掌握受灾人员信息。

◆ 医疗救治

"5·12"汶川特大地震医疗救援

"5·12"汶川特大地震发生后,在"黄金72小时"内实现了重灾县医疗救援全覆盖。各级政府组建紧急医疗救援队、巡回医疗队,构建定点医疗机构、野战医院、医疗站(点),向灾区调派医务人员3039人,其中州内派出1444人,州外及部队派出1595人。调拨医疗药品1.5万件、医疗器械1762件,紧急调血31万毫升。震后24小时,全州医疗机构向汶川、茂县、理县等重灾区投入医疗卫生人员1444名,救治受伤群众8302人,其中重伤948人。震后48小时,救治受伤群众1.27万人,其中重伤1049人。克服重重困难,确保了72小时内医疗救援覆盖所有乡村,伤员得到及时救治。震后,州内外、省内外185支医疗队

空中转运重伤员

5287名医疗卫生人员赶赴汶川、茂县、理县开展医疗急救、病员运转、消毒杀虫、水源监测、疾病控制和卫生宣传。

"8·8"九寨沟地震医疗救援

紧急调派灾区相邻县医疗力量和对口支援当地的省级医疗专家驰援灾区，组织四川大学华西医院、四川省人民医院、四川省骨科医院3支医疗救援队41名医疗专家紧急赶赴灾区，并成立医疗救治前线指挥部。截至2017年8月10日，灾区共有医疗卫生救援人员548名，省内共派出医疗救援队15支，西部战区也派出精干医疗力量到达救灾现场，全力以赴开展伤员救治工作。因灾受伤的431人全部得到救治。

"8·8"九寨沟地震伤病员转运

"8·8"九寨沟地震发生后，绵阳市中心医院医疗救援队在地震现场协同震区医院检伤、转运伤员17人，检伤巡诊伤员122人，完成手术5人；组织协同后送转运伤员到绵阳市中心医院共4批次48人，共收治入院伤员47人，完成手术24人，未发生任何医疗差错。截至2017年8月20日，6人经治疗后康复出院，另外42人经手术及相关救治后病情稳定恢复。在后送转运及转运后的救治中做到了零死亡。

坚持以人为中心，把抢救生命作为第一要务，科学调配医疗救护力量，实现医疗救护力量与搜救队伍同步进入。分秒必争，千方百计抢救伤员，确保受伤群众得到及时妥善救治，尽最大可能降低受伤人员死亡率和致残率。

就阿坝州而言，发生重特大灾情后，往往由于灾区受伤人员较多，医疗救治条件有限，需要抽调更多有经验的医疗力量支援。按照"集中重伤员、集中专家、集中资源、集中治疗"的原则，受灾地各级政府成立救治专家顾问组和联合专家组，集中医疗力量，全力救治因灾伤员。

阿坝州沿岷江河谷分布，且进出生命通道单一，在受灾情况下极易中断和堵塞，一些受伤人员处于交通"孤岛"之中，转院治疗重伤员、及时救治边远区域受灾群众成为紧迫而必需的救援工作。因此，通过开辟空中救援等灾区应急救援通道，及时把重伤员转移到成都、都江堰、德阳、绵阳等周边地区医治，尽最大努力降低死亡率和致残率。

◆ 卫生防疫

"5·12"汶川特大地震卫生防疫

汶川特大地震后，阿坝州委、州政府在汶川重灾区设立了"5·12"抗震救灾阿坝州指挥部，下设医疗防疫组，负责灾区医疗救援、卫生防疫工作的协调和指挥。第一阶段以医疗救援为主，疾控部门同时启动健康教育、饮水饮食卫生、环境整治和重点场所的消杀灭等工作。第二阶段以卫生防疫为主。震后2小时，阿坝州疾病预防控制中心启动应急预案，共向灾区派出4支防疫队，结合当地资源和外援力量，迅速建成县、乡、村三级防疫网络。截至2008年8月27日，共派出工作队2591支88298人次，动用车辆5294台；消毒面积达18181.3万平方米，消毒处理垃圾场14132处，消毒处理粪坑33271个，处理蚊蝇、鼠滋生处154391处。严格监管饮水及食品安全，恢复集中供水点，设置分散式供水点，并且加大灾后生活饮用水采样监测范围和频率。震后，汶川威绵地区设17个临时安置点，共住86396人。每周一次蚊、蝇、鼠密度监测，严密监控各种疫情。

积极开展健康教育与促进工作，截至2008年8月27日，共发放宣传资料 1597711 册，培训 26558 人次。震后 90 天，发现甲、乙、丙类法定传染病 15 种 762 例，无人员死亡。无传染病暴发疫情和其他突发公共卫生事件的报告。6 月 1 日—14 日开展甲肝疫苗应急接种工作，包括 6 县 18 月龄至 12 岁儿童 57157 人份、13～16 岁儿童、医务工作者、部队官兵、一线工作人员 16268 人份。从 6 月 15 日起，恢复常规免疫接种门诊；7 月 1 日，6 县如期启动了扩大免疫工作。

剧烈的地震常常造成灾区生态环境的极大破坏和基础设施的严重损坏，使灾区产生很多致病污染源，包括腐烂的尸体、泄漏的有毒物质、垃圾、粪便、被污染的水源和食物等；同时，受灾人群经历了地震逃生的惊吓和恐慌，身心疲惫，抵抗力大幅下降，导致传染病发生的可能性大大增加。

在灾后的卫生防疫中，一是要加强灾区专业防疫力量配备和消毒防疫药品的调集，及时对建筑废墟和遗体进行消毒；二是要加强对饮用水的监测和食品卫生的监督检查，严防传染病暴发和食物中毒事件发生；三是要强化全面卫生防疫，进村入户，实施消毒、杀菌、灭蝇无缝覆盖，实现大灾之后无疫情。

 心理救助

"5·12" 汶川特大地震心理救助活动

汶川特大地震发生后，阿坝州委、州政府高度重视灾区干部和群众的心理救助活动，成立州地震灾区干部群众和学校师生心理服务协调小组办公室，明确提出做好地震灾区心理服务工作的要求。

阿坝州民政局为做好心理服务工作，加强领导、整合资源、有序推进；通过开展心理摸底调查，分析新情况，制订工作方案，对不同的需求对象划分类别，科学有效地开展心理干预和治疗服务。同时，成立心理疏导工作组，深入灾区、社区和学校，开展各类心理抚慰、疏导和心灵呵护服务工作，并对灾区困难群众、学校师生给予救济。2008年6月1日，阿坝州福利院邀请驻扎茂县的原成都军区某部队官兵与孤儿共庆灾后第一个"六一"儿童节；6月29日至7月16日，组织15名孤儿到北京参加了万通公益基金会组织的"走向未来"震区儿童夏令营活动；9月9日，安排红木叶、拉姆基、喻登磊、牟小琴4名孤儿到北京盛基艺术学校进行两年制学习；10月20日，再次送孤儿石巧凤到北京盛基艺术学校学习。

汶川特大地震后，在灾区形成以医疗队和专家队伍为主体，以志愿者、乡镇医院医生、部分村组人员为补充的心理救援队伍，针对普查掌握的情况，科学分类，有针对性地采取措施开展心理救助。

第一类是地震中的幸存者。这类人群主要包括从地震现场逃生的人群。普遍表现为存在躯体损伤，亲身经历生死关头，余悸犹存，有的人在逃过劫难后，自觉苟活对不起死者，罪恶感较重。汶川映秀镇居民胡某某由于地震房屋倒塌被压在房屋中，左胳膊骨折，被官兵现场救出，但他姐姐和孩子均不幸遇难。他亲身经历山崩地裂，被困中亲眼看见亲人遇难而出现急性应激心理障碍，表现为哭泣、自责、自罪和极度的内疚，认为孩子和姐姐的死亡与自己未能及时救助有关，心理创伤极为严重，不愿面对现实，有自杀的倾向，不仅不配合救助人员，甚至敌视救援人员。在这种情况下，医务人员采用温暖的语言进行安抚，使其从痛苦中摆脱出来，明白自身已经安全，明白亲人的死亡与他无关，并让他知道救援人员对自己的遭遇感到难过。

第二类是地震现场目击者。这类人群主要包括自己没有亲身经历创伤，但目睹了灾难现场的人群，包括罹难者家属和地震时在户外活动的人员等。普通表现为焦急、哀伤，特别是对于罹难者家属，当亲人获救的希望落空时，愤怒、指责可能接踵而来。映秀镇蔡家岗村二组的7岁女孩李某，地震发生时她正在上体育课，由于亲眼看见大地颤动、房屋倒塌、人群哭喊、同学遇难，她万分恐惧、夜不能寐、噩梦连连，必须家人时刻陪伴，而且每当余震发生时就惊恐不安。

第三类是救援人员。这类人群包括部队官兵、志愿者、地方救援人员等。他们夜以继日地投入救灾,除了体力透支外,由于目睹震后死伤惨状,惊愕、挫折感、疲惫感表现得较为明显,有时甚至爆发愤怒。在巡诊中,医务人员对四川省武警水电总队一连官兵进行集体心理干预,他们主要担负爆破后废墟处理和遗体挖掘的任务。他们每天作业强度大,休息严重不足。此外,由于在现场处置过程中面对腐烂和残缺不全的遗体,并时刻面临着余震和破损房屋倒塌的危险,以及必须尽快完成任务目标的要求,产生了诸多心理和生理上的问题。通过问卷调查,主要表现为四个方面。一是生理上的变化。个别官兵产生严重的睡眠障碍,突出表现为入睡困难,睡后噩梦多,不断回想震区遗体、各种伤亡惨状等场面,并产生不想进食等饮食障碍、消化道问题,以及腹痛、腹泻的病态表现。二是情绪上的问题。部分进入现场的官兵表现较为明显,他们先是紧张害怕,后表现出麻木、熟视无睹、焦虑不安或无故发脾气。三是认知上的问题。随着救灾过程的推进,有69%的官兵出现了注意力不集中、记忆力减退、反应变慢等问题。四是行为上的问题。由于目睹惨状较多,有12%的官兵个人性格变得孤僻,对人际关系有淡漠表现,每当情绪压抑时,总是大量吸烟。

灾难后的微笑

阿坝州灾后多种形式心理抚慰

2008年10月26日，茂县中学高中部组织80多位团员到福利院进行文艺表演，与孤儿进行联欢。同时，内江师范学院茂县义务支教服务队等志愿者也经常到福利院与孤儿交心、谈心，开展积极向上的文艺活动；茂县社区可持续发展协会还为儿童福利院组建医疗室、图书阅览室，丰富了孤儿的文化生活。通过多种心理干预活动，在院孤儿的心理健康逐步得到改善。

州妇联联合州总工会和团州委开展以"重建家园，你我同心"为主题的向受灾地区"送健康、送技能、送文化、送知识、送岗位、送政策"活动，活动包括"灾区儿童心灵呵护行动""情感关爱行动"等内容，发挥专家和志愿者队伍的作用，持续长期地开展灾区群众的心理疏导、心理抚慰、心灵呵护等干预活动。利用"学习型家庭示范户""巾帼读书室""职工书屋"对灾区儿童进行抗震知识指导和心理抚慰，让灾区群众尽快摆脱地震带来的阴影，回归健康正常的生活状态。

灾难突然发生，人们在毫无防范的情况下，突然遭遇巨大的变故，心理承受能力面临巨大的冲击，心理危机不期而至，对灾难涉及范围内所有人员开展心理救助与抢救生命一样迫切。灾后的应激反应是分阶段、有规律的，心理危机干预也要尊重科学、遵循规律，而不是一腔热血盲目地扎堆到灾区现场。心理救助主体应与医护力量整合，生命救护与心理安慰相结合。同时，加大专家团队与当地干部、志愿者的结合，可由专家对当地人员进行培训，使施救更为专业；当地人员为救援主体，更易在语言、习俗等方面与被救助者沟通。此外，还可发动被救助者主动参与救护和心理救助，使其他受灾人员能在短时间内从创伤的心理中恢复。这项工作是一项长期工作，可制定、规划、设立永久的"心理救助站"等，使受灾群众全面恢复健康。

尽一切可能降低损失

在重（特）大突发地质灾害应急处置的过程中，在全力确保人身安全的前提下，集中力量对国家和群众财产以及文物资源、自然资源进行抢救，最大限度地避免或减轻财产损失，确保社会安定，成为另一项必须开展的应急救援工作。

·基础设施的保障·

尽快实现和有效保障灾区通路、通电、通水、通信息，对于及时抢救受伤人员、做好受灾群众安置和灾区物资供应工作、尽快恢复正常秩序具有重要意义。

"5·12"汶川特大地震财产搜救

2008年5月16日，原济南军区某部接映秀镇指挥所命令，配属师工兵营工程机械7台，全力救援阿坝铝厂。该部副团长何建文任指挥，以炮兵营为主力，配属直属队修理连、卫生队和师加强团的工程机械力量，采取先急后缓、由外向内、分片包干的方法，编6个组，营长带榴炮1连、修理连，从铝厂北区进入，对办公、生活区进行搜救；教导员带领榴炮3连、高炮连，从铝厂南区进入，对配电房、变电站进行搜救；副营长带领导弹连，从铝厂东区进入，在老生产线开展搜救；副教导员带领榴炮2连承担抬接、转移伤员任务；卫生队长带领6名卫勤人员负责医治伤员和遗体处理；工兵营道桥连排长带领7台工程机械担负工程作业任务。从5月16日至7月9日的60天中，部队出动兵力2万余人次，挖掘被掩埋遗体12具，整治恢复厂房（区）6个、大型机械设备12台，清理转运各类铝制品原材料600余吨、核心技术档案资料173份，挽回经济损失3亿余元。

"5·12"汶川特大地震文物转移

茂县保存有新石器时代以来的珍贵遗迹、遗物和羌族民俗文物。茂县羌族博物馆有馆藏文物7519件，其中珍贵文物313件，是阿坝州乃至全国唯一的一座羌族博物馆。地震对茂县羌族博物馆展厅、库房、办公楼等设施造成严重破坏，博物馆建筑成为危房。为安全转移博物馆馆藏文物，成立了茂县羌族博物馆文物转移指挥部。文物转移指挥部制订了详细转移方案，规划正式和应急转运路线，制定保密措施。2008年6月24日，国家文物局博物馆副司长李耀申和四川省文物局博物馆处长李蓓带领国家博物馆专家到茂县，指导对文物进行包装。四川省文物局经过协调，决定将茂县羌族博物馆文物临时存放于成都金沙遗址博物馆文物库房。7月4日3时，博物馆馆藏文物装车。4日6时，由济南军区装甲师43团官兵、茂县公安局武装警察、茂县羌族博物馆工作人员护送8辆文物转移车队经松潘、平武、江油、绵阳安全抵达成都金沙遗址博物馆文物库房，转移文物未受到任何损伤。7日14时，成都博物馆联系成都市武装特警，将茂县羌族博物馆6箱丝织文物（民俗作品）由金沙遗址博物馆地下库房安全转移至成都博物院文物保护研究中心。

"5·12"汶川特大地震抢救珍稀动物

地震发生后,汶川县卧龙镇武装部组织民兵 40 余人从卧龙熊猫馆中抢救出国家一级保护动物大熊猫 4 只,国家二级保护动物小熊猫 12 只,并紧急疏散到安全地段。一级士官贾学平与列兵龚敏在熊猫研究中心执勤时,汶川特大地震发生了,熊猫苑尘土飞扬。其后,余震频发。当日 16 时左右,他们配合熊猫研究中心职工,抢救出大熊猫 4 只、小熊猫 14 只。地震将几个熊猫圈舍围墙震塌,导致圆圆、栖栖、小小、毛毛 4 只熊猫走失。震后第 4 天,圆圆回到圈舍附近。25 日,熊猫研究中心领导决定上山寻找 3 只走失熊猫。支队抗震救灾前线指挥所决定,由教导员张洪旗带 6 名战士配合中心副主任魏荣平及 4 名工作人员到熊猫圈舍后山方圆 10 km 范围内搜寻。26 日,6 名战士分两个小组,于当日 10 时出发,历经 9 个多小时,协助管理局人员将栖栖安全找回。震后第 3 天,张洪旗教导员每天带领 6 名战士到熊猫研究中心执勤,担负熊猫苑警戒工作,并用 1 周时间清理拦路巨石、清洗泥浆、修理危圈,恢复熊猫清洁、安

抢救大熊猫

全的生活环境。震后,卧龙森林中队官兵担负卸载竹子、搬运药品、搭设进苑便桥、排除危险山情等任务,帮助熊猫恢复正常生活。

在抢险救援现场,组织必要力量维持良好秩序,劝阻非救援人员进入现场,对银行、博物馆、库房等重点区域派出专人值守,组织专业人员进入现场清理,对发现的财物进行登记,做好灾后清退工作,尽量减少涉灾人员和企业的财产损失。

◆ 保畅生命通道

"5·12"汶川特大地震抢通保通

汶川特大地震发生后,极重灾区国道、省道中断,大量干线公路、农村公路受损,通往汶川的公路全线损毁,许多乡镇成为"孤岛"。地处高山峡谷的汶川县被完全封闭,公路是运送救援人员和救灾物资的唯一通道,抢通公路就是抢救生命。为尽快抢通道路,救灾指挥部紧急组织投入3万余人、7500余台机械设备、5500多辆抢险车辆,夜以继日地

抢通道路

抢修抢通生命线。震后3天，经马尔康、理县至汶川的第一条陆上"生命通道"全线抢通；震后10天，109个通信中断乡镇全部恢复通信；震后一个月，重灾地区所有乡镇恢复或临时恢复供电；用时3个多月时间，打通了都江堰至汶川的公路。

"7·10"阿坝州特大山洪泥石流抢通保通

"7·10"特大山洪泥石流的发生，导致从汶川、九寨沟、松潘、小金等方向进出阿坝州的普通国省道路、高速公路中断，汶川县多个乡镇电力、通信全面中断，再次成为"孤岛"。连接阿坝州和成都仅剩绕道甘孜丹巴、雅安石棉的一条生命通道，运距遥远。为打赢抢险保通大会战，全州累计投入抢险人员2.06万人次、机械6010台次，抢通公路1052 km；组织专业技术队伍全力抢修受损电力、通信和供水设施，在最短时间内恢复了灾区供电，应急解决了10.27万人的饮水困难，修复受损通信基站208个、受损输电线路70 km、受损通信线路267 km；设置10处远端交通分流管制点，远端分流车辆1万余辆，强化巡逻守护，最大限度地提高了道路通行能力。

"8·8"九寨沟地震抢通保通

地震发生时，九寨沟境内有6万多名游客和外来人员。震后全力实施抢通保通，对成灌、都汶、成绵等通往灾区的高速公路主通道实行交通管制。截至2017年8月10日，共投入40余台抢险机具、200余名抢险人员、1600多名交警力量，全力保障灾区生命通道安全畅通。九寨沟县城至漳扎镇、九寨天堂至川主寺道路可通行；国道213线茂县石大关乡山体高位垮塌处已抢通便道；若尔盖向九寨沟方向的若九路已基本抢通；省道301线3处断道均已抢通便道，全州对外交通通道基本保持畅通有序,这为创造24小时集中转移6万余人的非凡壮举提供了基础保障。

地震、滑坡、崩塌、泥石流等地质灾害发生后,交通往往首当其冲遭受损毁,抓紧抢通保通生命通道成为灾后当务之急。首先,应调集专业设备和精干力量,加快抢修道路桥梁等基础设施。组织军地力量,抓紧清理灾区道路上坍塌的土石,修复受损道路、桥梁,解决搜救设备、救灾物资和伤员运输问题。其次,进一步加强交通管制,全面实施车辆远端分流,严禁社会车辆进入灾区,确保救援力量、物资进得去,伤病员能够顺畅运出来。最后,在抢险救灾过程中,要尊重科学、注意安全,采取危险路段设警示标志、安排专人值守等方式,防止发生重大交通事故。此外,提高灾区道路抗灾防灾等级也是一项必须研究和开展的工作。

◆ 织补信息网

"5·12"汶川特大地震通信应急保障

在地震等重大自然灾害中,由于通信基础设施遭受严重破坏,导致重灾区通信中断,使得重灾区内部信息不能互相流动,重灾区与外界无法联系,重灾区变成信息出不来、进不去、内部不流通的"荒岛",媒体将之命名为"信息孤岛"。在"5·12"汶川特大地震中,为突破"信息孤岛",中国移动工程人员于2008年5月15日6时携带海事卫星电话抵达汶川县城,海事卫星成为当地抗震救灾指挥部与外界联系的唯一通道,有效促进了搜救工作的开展。同时,国家新闻出版广电总局调集了11部发射机,把党中央、国务院主要领导的关心、关怀传递到整个灾区,极大地缓解了受灾群众的恐慌心理。

修复受损电网

"8·8"九寨沟地震通信应急保障

截至2017年8月9日8时30分,"8·8"九寨沟地震共造成当地234个基站退服(主要为停电所致,占九寨沟县基站总数的43%)。各基础电信企业派出保障人员298人次、车辆79台次,使用油机161台次、卫星电话23部,同时,省抗震救灾指挥部派出20余支抢险队伍、270余名抢险救灾人员、60余辆应急抢险车辆赶赴灾区参与现场通信保障,争分夺秒地开展抢险救灾和应急保障工作,当地通信网络总体运行平稳,保证游客和外来人员与外界及时联系。在抢险救灾期间,开启免费寻亲热线,并对灾区全境提供免停机服务。

通信保障是"下情上传、上情下达",指令传递最重要、最关键、最快捷的信息服务。应急通信保障队伍到达灾区后,要利用有线、无线、互联网等各种手段,尽最大能力为灾区提供通信服务支撑,抓紧做好停电退服基站的供电保障;尽快修复受损中断的光缆,保持卫星电话通信畅通,重点保障一线抢险救灾的调度指挥。全力以赴地做好应急通信保障工作,建立24小时应急通信值班和每4小时信息上报机制,为抢险救灾和抗灾编织起一张畅通的通信网络。

◆ 源源不断补给线

"8·8"九寨沟地震电力应急保障

九寨沟地震后,经信等相关部门组织电力公司累计投入300名抢险人员,对电站、电网、变电站等灾损情况进行全面检查,抢修受损线路和设施。出动88台抢险车、3台发电车、15台发电机等,保障医院、公共场所和指挥系统的电力供应。震后1小时,九寨沟县城恢复供电。震后第2天,若尔盖县、松潘县、红原县供电恢复正常,松潘县九寨黄龙机场供电恢复正常。

灾后应尽快抢通因灾损毁的电力等基础设施,全力做好应急电力保障,特别要确保救灾指挥部、医院、学校安置点等的电力供应。涉灾地区国家电网公司应组织应急抢险分队抢修人员紧急赶赴灾区,并视电力受损情况,向灾区派出发电车、应急电源车、应急电源拖车、柴油发电机以及抢险抢修设备和物资,快速恢复电力供应,为抢险救灾、生产生活和灾后恢复重建提供电力保障。

灾后应调集专业设备和精干力量，加快抢修供水、供气、供油、广播电视等基础设施。根据救灾需求情况，启动药品应急响应准备，组织做好救灾装备、物资等产品应急保障工作，迅速组织恢复灾区商贸流通服务，组织调运保障物资供应，确保灾区市场物价稳定，为灾区群众的生产生活和灾后恢复重建提供坚强保障。

·安全大转移·

人员应急转移安置能够以较小的代价，最大限度地减少人员伤亡，在应急救援处置中是一项意义重大、行之有效的应对措施。

◆ 人员转移

"5·12"汶川特大地震群众转移

"5·12"汶川特大地震发生后，各受灾县及乡镇党委、政府，各级各部门党员干部第一时间紧急行动起来，在军地联合、党群动员、社会参与、多方联动的情况下，与次生灾害抢时间、抢生命。各受灾县迅速成立受灾群众安置和紧急避险工作领导机构，分解任务，逐村逐户转移群众，第一时间紧急转移游客和受灾群众18万人。

"5·12"汶川特大地震服刑人员转移

汶川特大地震发生后，阿坝监狱一度成为地震"孤岛"，监狱监管设施严重损毁，已不具备监管改造的基本条件。监狱所处位置山体破损严重，飞石不断滚落，山体滑坡和泥石流等次生灾害随时可能危及生命安全。重灾区籍的服刑人员担心家中亲人的安危，情绪波动异常。2197名服刑人员生活、居住在5个狭小的区域，4名服刑人员睡一张高低床，活动区域狭窄，棚内气温高，容易形成已有疾病的交叉感染和灾后疾病的暴发流行，疫情防控十分困难。2008年6月5日，阿坝监狱制订应急避险行动方案后，成功地将所有服刑人员分批次转移至雅安、崇州等地的监狱。服刑人员"千里大转移"成为新中国成立以来，涉及面最广、转移数量最大、转移时间最紧、动用警力最多的应急处置典范，为大范围转移人员、紧急避险工作积累了宝贵经验。

"7·10"阿坝州特大山洪泥石流人员转移

"7·10"特大山洪泥石流发生后，各级党委、政府全力组织开展被困群众紧急避险转移和抢险救灾工作，全面消除救灾空白乡镇、村，共紧急转移被困群众3.91万人，临时安置受困群众3.01万人。同时，联合省应急办积极协调省级有关部门，争取原成都军区陆航旅支持，开辟了成都至汶川县草坡乡的"空中救援走廊"，草坡乡8个村共3000余人被安全转移。

"8·8"九寨沟地震24小时大转移

"8·8"九寨沟地震当晚，九寨沟县委、县政府立即组织九寨沟景区3万多名外地游客转移到县城安全地带，并立即启动交通管制，交警连夜对大货车和不明情况的车辆进行劝说疏导，给抢险救援和游客撤退提供了交通保障。同时，安全、有序、大规模地转移疏散游客和外地务工群众。从九寨至平武、九寨至川主寺两个方向，采用接驳运输等方式，有序组织旅游大巴、自驾游车辆陆续离开。在沿线绵阳市、广元市、德阳市、成都市和省机场集团成立以主要负责同志为组长的指挥机构，并向社会公布联络人及其电话，做好撤离疏散群众的服务保障工作。震后24小时内，组织8000余台车辆安全转移61500余名滞留游客和外来务工人员，疏散转移过程中无一人伤亡，创造了抗震救灾史上的又一个奇迹，赢得了全国人民和社会各界的高度称赞。

对震后灾区或地质灾害高危区域人员进行转移是防止灾后出现人员伤亡的必要措施。在转移过程中，要组织必要力量，找准转移路线，维持良好秩序，果断快速地组织群众从危险地域撤离，以最大限度地减少人员伤亡为工作目标。对一些不理解或不愿意转移的群众，要尽快说服，必要时可以采取强制带离措施，以确保人民群众的生命安全，坚决防止出现群死群伤事件。

◆ 过渡安置

"5·12"汶川特大地震群众安置

地震发生后，全力安置受灾群众，实行就地就近、分散安置的方针，通过搭建帐篷、板房，特别是支持群众自搭自建简易过渡住房，奋战60天，解决了41.2万城乡受灾群众的过渡住房问题，稳定了人心，安定了社会。先后实施临时生活补助、后续生活补助和纳入现行城乡低保、农村五保供养等救助政策，发放救助资金5.9亿元、救济粮1.7万吨，帮助受灾困难群众渡过难关。扎实开展因灾失地群众的安置帮扶，实现1万余名因灾失地农民全部返乡、全部安置，无一人外迁。这场罕见的特大地震灾害既是人世间的一场重大磨难，也是前进中的一场重大考验。灾区没有发生饥荒，没有出现流民，没有暴发疫情，没有引起社会动荡，创造了抗灾救灾史上的一大奇迹。

"8·8"九寨沟地震群众安置

坚持安全第一，妥善安置受灾群众。震后第3天，在九寨沟县漳扎、永乐等17个乡镇设置安置点249处，临时安置群众23477人。对集中安置点群众实行集中供应，保障生活所需；对分散安置群众按政策给予每天1斤粮、20元钱的临时生活救助。通过多种方式，及时妥善安置受灾群众，确保群众有饭吃、有水喝、有衣穿、有被盖、有临时安全住处住。

分类制订过渡安置方案，全面落实"五有三防"要求，坚持科学选址，注重避险避让，确保安置点安全。抓紧组织救灾物资并发放到受灾群众手中，保障好灾区群众的基本生活。同时，继续做好伤员救治和遇难人员善后工作，进一步加强对遇难人员亲属的抚慰和情绪疏导。

·灾后之灾的防范·

阿坝州始终把安全救灾放在首要位置，注重灾害点及周边地质灾害的防治工作，全面开展隐患排查、监测预警、临灾避险、工程治理等工作，保障受灾群众和救援人员的生命安全，避免造成新的人员伤亡。

◆ 气象与测绘保障

"6·24"茂县叠溪山体高位垮塌气象与测绘保障服务

为严防次生灾害，组织专家、技术人员306人次，运用边坡雷达探测仪、无人机航拍等科技设备和手段，现场勘验灾害体边缘、松坪沟进出通道地灾隐患点11处，排查出太平乡胡尔村胡尔沟泥石流安全隐患、沙湾村村口山体垮塌地灾隐患、石大关乡拴马村梯子槽滑坡隐患，转移安置群众33户131人，动员58户180人投亲靠友，并设置警示牌和警戒线。同时，安排2名监测员全天候监测预警，及时发布近期天气信息6期，强化预警预测预报、交通运行管控、现场秩序维护、食品安全保障，在抢险过程中没有发生次生灾害人员伤亡。

"8·8"九寨沟地震气象与测绘保障服务

为全力预防次生灾害，开展"大排查大评估"行动，组织四川华地等8支专业队伍、197名专业技术人员，重点对九寨沟景区、漳扎片区、居民聚集区、国省道干线开展次生灾害隐患排查，共排查隐患点642处，对45处小型地灾隐患点进行应急排险工作。建立监测预警机制，对新增地灾隐患点编制"一表两卡"，对交通道路隐患点根据危险程度落实专人监测，并设置安全警示标牌。建立"一日一会商"研判机制，会同气象、水利、国土等部门，对各地灾隐患点危险程度进行分析研判，对可能发生次生灾害的169处临时安置点做出安全适宜性评估。

良好的气象与准确的测绘服务是高质、高效、有序推进救援工作的重要前提，有助于提前谋划、科学决策，最大限度地节约人力、物力，有效防止次生灾害的发生。阿坝州在应对多次重大自然灾害的过程中，组织相关部门及技术人员，采取设立观察哨、监测岗等方式，科学技术监测手段与实地勘察手段并用，做好地质、天气、水文预测预警，及时提供信息，服务抢险，为决策部署提供了科学依据。

◆ 堰塞湖与水库排险

"5·12"汶川特大地震堰塞湖排险

汶川8.0级强烈地震引发断裂带上大规模的山体崩裂、坍塌，造成大量滑坡堵塞或截断河道，形成上游集聚水体的天然湖泊——堰塞湖。堰塞湖分布在岷江、沱江、涪江、嘉陵江四大流域各干支河流上游的深山峡谷之中。阿坝州境内的汶川映秀、草坡塘房电站、三江乡切刀岩、

堰塞湖排险

茂县宗渠沟、土门河竹包沟、十里沟处共新形成6个堰塞湖，地震对黑水的哈姆湖也造成一定破坏，全州共计7个堰塞湖。

三江乡切刀岩堰塞湖位于三江乡龙竹村切刀岩处，由山体滑坡阻塞河道形成，最大蓄水量约20万立方米，当地3万余人的安全受到严重威胁。2008年5月31日至6月6日，陆军第13集团军工兵团在进行周密勘察和严密论证后，结合下游村庄水位实际承受能力，制订"挖爆结合、先爆后挖、挖宽爆深、以爆助挖"施工方案，累计出动132人次，车辆18台次，机械12台次，每天作业16小时，采取"人停机不停"的方式轮番突击作业。排险消耗炸药1.1吨，电雷管401发，导爆管雷管496发，爆破清除土石1500余立方米，转移清运土石7200余立方米，扩宽堰塞湖缺口8.5 m，挖深35 m，降低堰塞湖水位2.6 m，有效解除了堰塞湖对下游水磨镇的潜在威胁。

处置堰塞湖与水库险情要强化科学谋划部署，统筹军队、专家、技术队等救援力量，第一时间进行现场勘察评估，加强水系调度，采取爆破、引流、土工作业等方式，开挖导流槽，泄洪排水，同时抓紧疏散转移群众，确保人民群众的生命财产安全。

◆ 防治地质灾害

"5·12"汶川特大地震次生灾害防治

"5·12"汶川特大地震后，发生了数以万计的滑坡、崩塌、地裂等次生灾害。共排查、治理重大地质灾害2565处，坚持"主动、及早、安全"的处理原则，采取有效防范措施，临时避险转移受次生灾害严重威胁的11.1万名群众，保证了群众的生命财产安全，避免了次生灾害带来更大的危害。

"8·8"九寨沟地震次生灾害防治

加强对地灾隐患的排查力度,排查九寨沟县地灾隐患点401处,其中新增155处,松潘、若尔盖、红原三县地灾隐患点101处,全部按照相关要求制定避让措施,落实群防群策监管制度,并建立相应的防范机制。

大的地质灾害往往会引起其他地质灾害的发生。地质灾害具有突发性、隐蔽性、破坏性和动态变化性等特点,防治难度大、见效慢。大灾之后最好以预防和避让为首选。应严格落实群防群治、监测预警、紧急避险等防灾减灾措施,最大限度地减少人员伤亡和财产损失。接下来的防治工作要遵循"及早发现、预防为主,查明情况、综合治理,力求根治、少留后患"的原则,按照险情灾情等级,统筹部署,突出重点,科学规划,按照属地管理原则,落实地方党委政府主体责任,国土部门协调、指导和监督,相关部门密切配合的责任制,应用新型技术手段,强化隐患排查、危险性评估,提高防范和应对能力。

◆ 排除高危险情

"5·12"汶川特大地震茂县疾控中心危化品转移

震后,茂县疾控中心堆放的大量消毒剂和150个氧气瓶存在泄漏和爆炸隐患,对人民群众的生命财产安全构成严重威胁。2008年6月12

日9时，某集团军防化团应茂县人民政府请求，团政治处主任李希敏带领25人、喷洒车1辆、侦察车1辆到达现场，通过详细了解情况和现场勘查，确定使用钢架及木板搭设坡度约30°的装载平台实施装载、转移。参加任务的官兵全部装备呼吸道防护，使用临时搭设装载平台实施作业，将过氧乙酸、次氯酸钙、"84"消毒液转移至茂县避暑山庄，将"敌敌畏"搬至茂县中心广场，将氧气瓶搬至九峰制药厂。13日20时，完成危化品转移任务，共计搬运过氧乙酸50.5吨、次氯酸钙9.5吨、"84"消毒液300升、"敌敌畏"180升、氧气瓶150瓶。

"5·12"汶川特大地震七盘沟炸药库排险

地震中，汶川县七盘沟炸药库遭受严重损坏，6块滚石击穿房顶，1块重约5吨的石头压在雷管上，直接威胁着附近上万名群众的生命财产安全。2008年5月23日15时30分，地方政府紧急求援，请求部队协助完成七盘沟炸药仓库排险任务。5月24日2时3分，原济南军区某师受领七盘沟炸药库抢运排险任务。师前线指挥所进行现场勘察，确定以工兵营为技术主体，联合地方专业力量，采取分批分类转移与现场引爆销毁相结合的方法，彻底消除炸药仓库的潜在威胁。5月25日6时30分，开始排险转运，工兵营地爆连配属某部队30人编为排险组，负责七盘沟炸药仓库炸药、雷管装（卸）载。某部队15人、运输车15台编为运输组，负责转运雷管、炸药；某部队部分兵力和地方公安编为安全警戒组，负责库区安全警戒、疏散群众，为运输队开道。最终安全转运54吨硝铵炸药、36万米导爆索、3万米导火索和1万枚雷管。对部分处于高危状态的残留雷管实施了现场引爆。

重大自然灾害极易诱发危化品泄漏、易爆物爆炸、放射性物质扩散、建筑物垮塌等高危险情，严重威胁着人员安全。排除高危险情，要集中力量快速反应，以化工企业、医院、污水处理和垃圾处理设施、民

爆公司为重点进行排查和处置，抓好危化品销毁和转移、放射性物质处理、易爆物品处置以及高危建筑拆除和废墟清理。及早及时排除隐患，不仅能保障人员健康安全，更为后期工作提供安全环境。

· 舆论正声 ·

《中华人民共和国突发事件应对法》明确规定，履行统一领导职责或者组织处置突发事件的人民政府，应当按照有关规定，统一、准确、及时地发布有关突发事件事态和应急处置工作的信息。在地质灾害抢险救援中，政府及其部门在事件发生的第一时间通过多种方式和渠道向社会发布简要信息，并根据事件处置情况做好后续发布工作，为抢险救灾创造良好的舆论环境和社会环境。

 新闻发布会

四川省人民政府阿坝州茂县山体垮塌事件新闻发布会

2017年6月24日12时许，四川省人民政府阿坝州茂县山体垮塌事件新闻发布会在省政府应急指挥中心召开。省政府秘书长唐利民发布相关情况，省委外宣办（省政府新闻办）副主任、省网信办副主任陶俊培主持新闻发布会。

（1）今日凌晨6时许，阿坝州茂县叠溪镇新磨村发生高位山体垮塌。据初步统计，造成46户农房被掩埋、141人失踪，河道堵塞2 km，1600余米道路被掩埋。

（2）事件发生后，救治力量立即赶赴灾害发生地。

（3）省委、省政府高度重视，省委书记王东明、省长尹力已率必要救援救治力量赶赴现场，当地正在紧急开展救援抢险工作。

与此同时，省政府常务副省长王宁主持召开地质灾害应急指挥部紧急会议，启动四川省自然灾害Ⅰ级救灾应急响应，并安排部署救援抢险工作。目前，各项救援抢险工作正紧张有序地开展。

（4）为保障救援工作顺利开展，呼吁社会车辆近期不要前往灾区。

"6·24"特大山体滑坡第六场新闻发布会：地灾应急专家回应4个热点问题

2017年6月25日下午，"6·24"特大山体滑坡灾害第六场新闻发布会邀请国土资源部地质灾害应急专家许强教授和裴向军教授现场答疑。

问题一：在全省对地质灾害排查非常重视的背景下，昨天的灾害，我们有没有可能预警？

许强：这个村是1976年建的，所以不存在选址排查的问题。我们现在采用的是人工排查方式。地质人员的调查只能到一定的高层，一般的老百姓很少上去的地方我们的地质勘测人员不可能上去，所以在高处发生什么样的问题，我们很难知晓。植被非常茂盛的地方一般的高空探测技术不行，这是一个很客观的原因。它具有高度的隐蔽性，人无法上去所以无法排查，这是导致此次灾害无法排查的一个客观原因。

问题二：经过这么多次的地震打击，（新磨村）为什么没有进行异地搬迁？

裴向军：这里面有两个因素，一个是是否存在地质灾害的风险性；另一个是要尊重老百姓的意见，他是否具有搬迁的意愿。确定搬迁以后，有一定的政府补贴，但是在搬迁以后，会导致生活质量的下降，或者造成一些额外损失，老百姓也不愿意搬。这是两个因素在一起的影响。

问题三：有没有告知村民，他们生存的场所是灾害频发的区域？

许强：跟大家讲一个客观的情况，我们并不能想搬走就随时能搬走，老百姓不干，我们也没有这么多财力。我们有一个防灾体系叫作群测群防，这是一个非常重要的措施。观察以后自己防范，通过各种各样的方式进行演练培训。老百姓非常清楚自己所生活的环境，但是他们就愿意赌。他们一定要在这里住。有些地方叫低频泥石流，住在那里几辈人都没发生过泥石流。你们怎么能认为这里有问题呢？

问题四：通过你们的走访，周边的一些地区有没有类似的地质隐患？

许强：这是一个地震高发区，也是一个地质灾害易发区。没有隐患是不可能的，只能尽量把它找出来。

问题五：本次灾害和汶川地震有没有关系？

裴向军：汶川地震后，叠溪本地由地震诱发的次生地质灾害很多。1933年的叠溪7.5级大地震对斜坡的损伤比"5·12"汶川地震更严重。叠溪所处的松坪沟是一个断层，这是一个地震频发的地方。

许强：汶川地震和本次灾害肯定是有关系的，地震对山体有震裂松动效应，导致了本次灾害的发生。

"8·8"九寨沟地震抗震救灾指挥部首场新闻发布会

2017年8月9日17时20分，"8·8"九寨沟地震首场新闻发布会在九寨沟口地震抗震救灾指挥部召开，四川省政府新闻办公室主任房方主持发布会。

四川省人大常委会副主任、阿坝州委书记、阿坝州抗震救灾指挥长刘作明介绍了"8·8"九寨沟强震的基本情况：截至2017年8月9日13时，经初步核查，"8·8"九寨沟地震已致19人死亡（其中游客8人，本地群众2人，身份不明者9人），收治伤员247人（其中门诊治疗193人次，住院治疗54人次，重伤40人，转院7人，其中4人转至绵阳市中心医院，3人转至四川大学华西医院），207人轻伤（含2名外籍游客，1名法国籍、1名加拿大籍），死亡游客遗体已全部转运至县殡仪馆，死亡和受伤情况主要发生在漳扎镇辖区内。经排查，全县17个乡镇房屋受到不同程度损坏，一般受损1037户，中度受损420户，重度受损223户。同时，经过地质灾害排查，发现漳扎镇及九寨沟景区7处地质灾害隐患点有落石等震后次生灾害发生，已排除火花海有堰塞湖情况，具体受灾情况正在进一步核查。

地震发生后，中共中央总书记、国家主席、中央军委主席习近平高度重视，立即作出重要指示，要求：抓紧了解核实九寨沟7.0级地震灾情，迅速组织力量救灾，全力以赴抢救伤员，疏散安置好游客和受灾群众，最大限度地减少人员伤亡。目前正值主汛期，又处旅游旺季，要进一步加强气象预警和地质监测，密切防范各类灾害，切实做好抗灾救灾工作，尽最大努力保障人民群众的生命财产安全。

中共中央政治局常委、国务院总理李克强做出批示，要求：抓紧核实灾情，全力组织抢险救援，最大限度地减少人员伤亡，妥善转移安置受灾群众。加强震情监测，防范次生灾害。

面对灾情，四川省委、省政府高度重视，2017年8月8日晚即启动Ⅰ级应急响应预案，后方指挥与前方救援全面协调。9日6时，四川省委书记、"8·8"九寨沟地震抗震救灾应急指挥部指挥长王东明在九寨沟机场、漳扎镇现场指挥部主持召开省抗震救灾指挥部第一、第二次会议，传达贯彻习近平总书记、李克强总理的重要指示批示精神，研究部署抗震救灾工作。

在地震发生后24小时的时间里，我们做了地毯式全覆盖的搜索，九寨沟作为知名旅游胜地，地震时有6万游客聚集，我们从全省调集力量以保证道路畅通，抓紧时间撤离疏散游客。

24小时内，绵阳方向、文县方向共开出8000辆车，疏散接近60000人，保证生命通道的畅通，力争科学有序地转移游客，将伤员转至条件更好的地方进行救治。

四川省卫计委主任沈骥：

（1）卫生一级响应：有效及时地处理各类情况，把第一时间开展抢救放在首位。

（2）紧急驰援：地震发生后，绵阳、阿坝等附近市、州救护车火速驰援，今天省级专家队伍42人也进驻人民医院、县医院。

（3）分级分类施救：根据伤员情况进行分级分类实施。

（4）27名重伤员得到了有效转移，除了首批7名伤员得到有效安置外，第二批11人也已进行转移，半小时前有9名伤员乘直升机转移到成都。

（5）灾后防疫、心理救援已开始全面推进。

四川省住建厅厅长何健：

阿坝州17个乡镇无房屋垮塌，但有1680户受到损坏，目前这些居民已得到妥善安置，下一步将进一步抽调技术人员，对房屋进行评估，确定房屋是否适合居住。

新闻发布会上，相关负责人还对记者提出的居民避险安置、电力保障、粮食供应等问题进行了回答。

不同信息渠道发布信息的目的是不同的。政府在第一时间召开新闻发布会，发布权威信息，对粉碎谣言、避免恐慌、保障群众知情权具有十分重要的意义。在重大灾害面前，新闻发布会首先要第一时间传达信息、通报情况。突发事件发生后会立即成为社会热点，出现各种讨论和猜测，甚至谣言四起，新闻发布会理应起到利用权威信息正本清源的作用。"6·24"茂县特大山体滑坡灾害发生不到6小时，四川省政府就召开了第一次新闻发布会。其次，出席新闻发布会的必须要有主要负责人和专业人士，让专业人士讲专业的话，树立发布会的权威性。在社会各界质疑"6·24"地灾原因以及是否提前监测等问题时，由国土资源部地质灾害应急专家进行了信息发布，回答记者提问。再次，要主动回应群众关注的问题。"8·8"九寨沟地震发生后，社会关注的人员伤亡情况、景区是否毁坏、游客是否安全等问题，在新闻发布会上都得到一一解答，既保证了群众的知情权，又能及时稳定社会情绪，为有序开展救灾工作创造了有利条件。

◆ 媒体应对和管理

"5·12"汶川特大地震媒体反应

地震发生以后，阿坝州委宣传部紧急动员宣传思想战线的工作人员全身心投入抗震救灾，及时成立抗震救灾指挥部宣传组，在震中映秀镇成立新闻中心。2008年5月12日下午3点，州级主要媒体记者奔赴地震灾区。根据州委宣传部统一部署，《阿坝日报》派往重灾区采访记者达24人，并联系近20名灾区通信员为报社撰稿和提供新闻线索。阿坝州电视台整合全台41位新闻工作者，并从各县紧急抽调9名记者参与采访报道，及时向外界报道震中情况以及后续灾后重建进展。

最美逆行者

"5·12"汶川特大地震媒体报道

"5·12"震后当晚，四川省政府新闻办启动Ⅰ级响应并协调四川省地震局先后7次发布地震最新消息。从2008年5月13日至9月19日，国务院新闻办在北京举行了31次新闻发布会。同时，从5月13日下午5时开始，省政府新闻办在成都组织了面向各类媒体的四川省抗震救灾第一场新闻发布会。截至5月31日，省政府新闻办以每天定时定点的方式召开新闻发布会19场；同时，阿坝等重灾市州举行了近百次新闻发布会，第一时间通过阿坝日报、阿坝电视台、"中国·阿坝州"门户网站等发布抗震救灾情况，鼓舞灾区干部群众士气。中央电视台、中央人民广播电台、新华网等知名媒体都进行了并网直播，形成了各类媒体整体联动的强大声势，积极回应社会关注的救灾物资、资金发放等问题，做到公告天下、取信于民。

"6·24"茂县叠溪山体高位垮塌媒体报道

在应对"6·24"茂县叠溪高位山体滑坡灾害期间，在灾区交通中断、信息报送渠道混乱的背景下，为确保新闻的时效性，阿坝州政府新闻办协调卫生、交通等多个部门，及时执行新闻发言人制度，发布了7场抢险救灾新闻通报，对遇难失踪人数及尸体处理、救灾款物发放等热点问题和敏感数据做到不回避、不搪塞。

重大自然灾害是社会关注的焦点和热点，由于其突发性与灾难性有较高的新闻价值，无论是国内外的新闻媒体还是社会公众，对突发公共事件都十分敏感和重视。各种媒体往往会第一时间找关注点，有的甚至为博眼球而发布虚假信息。宣传部门要发挥权威和领导组织的作用，对各类新闻媒体进行归口管理，履行新闻报道的组织引导和管理职能。坚持第一时间建立新闻管理机构，第一时间发布权威消息，第一时间应对各种疑问，第一时间查处虚假新闻。信息发布形式主要包括授权发布、散发新闻稿、组织报道、接受记者采访、举行新闻发布会等。

· 稳定与秩序 ·

灾区稳定是灾区民心安定的重要基础，也是抗灾救灾和恢复重建的基本保障。在抢险救援和灾后安置阶段，公安、武警、民兵和当地党员干部等力量在救援的同时，还要担负起维护社会秩序的责任。

◆ "稳"社会治安

"5·12"汶川特大地震公安在行动

地震发生后,阿坝州公安机关和特警投入警力26万余人次,安全疏散转移群众6.27万人,搜寻遇难者遗体2300余具。破获各类刑事案件85件,其中盗窃案件47件,故意杀人案件1件,聚众哄抢案件2件,抢劫案件3件,抢夺案件2件,编造、故意传播虚假信息案件1件,抓获各类犯罪嫌疑人113名。查处治安案件168件,查处治安违法人员207名,行政拘留96人。

九寨沟地震中对谣言的应对处理

九寨沟县发生7.0级地震后,阿坝网警在网上巡查时发现一网民在微信中发布有关地震的谣言信息:"紧急通知!紧急通知!紧急通知!由地震测试专家表明,今晚凌晨两点半,有8.7级地震!看到立即转发!"为了避免引发民众的恐慌情绪,造成社会秩序混乱,阿坝网警立即对该谣言信息进行了辟谣处理,同时依法对该网民身份进行核查,发布该谣言信息的齐某被红原县公安局抓获。经查实,齐某为引起社会对九寨沟"8·8"地震的关注,故意编造了该谣言信息,并在朋友圈和3个微信群中进行了发布。阿坝藏族羌族自治州红原县公安局根据相关法律法规对违法人齐某予以行政拘留10日的处罚。

灾害发生后,组织警力开展全面巡逻,重点对安置点、转运点和医疗场所等人员密集区域巡逻,对党政机关、水电油气、广播电视、金融

和民爆等重点单位加强安全保卫，确保群众生命财产安全，保障社会基本运转有序。在灾区一线建立"帐篷派出所""帐篷法庭"等临时机构，及时、高效地依法打击各类涉灾违法犯罪行为，威慑破坏分子，避免涉灾案件频繁发生。

◆ "畅" 交通秩序

四川交警权威发布九寨沟地震交通管制措施

"8·8"九寨沟地震发生后，四川交警立即发布相关交通管制措施，内容如下：

（1）因九寨沟县发生地震，对九黄环线实行全线交通管制，只允许政府救援车辆进入灾区，其他社会车辆一律不得进入。

（2）对G213甘南入川方向、G212陇南入川方向车辆进行劝返。请务必服从现场公安交警的指挥管理。

（3）对成绵高速、成绵复线高速（成都往绵阳方向）实行交通管制，请车辆绕行。同时，对G75兰海高速广甘段就近分流货车。

结合灾区实际道路交通情况，按照"远端分流、近端控制、中心管制"的原则对道路实施交通管制，及时发布路况信息，对重要干线加大巡逻力度，组织必要的抢通保通力量，确保交通秩序的有序、通畅。

◆ "化"矛盾纠纷

阿坝州基层矛盾纠纷排查化解机制

一是实现县、乡、村三级调解网络全覆盖。全州共组建人民调解组织1831个,建立健全了县、乡(镇)、村人民调解组织,壮大了人民调解工作队伍,阿坝、若尔盖、壤塘、九寨沟4个省际接边县与省际接壤地区签订接边矛盾纠纷联防联调工作协议。二是完善矛盾纠纷多元化解机制。建立"公调对接"机制,加强公安局派出所调解室规范化建设。将民间纠纷调解工作纳入统一管理,建立多元化矛盾纠纷人民调解组织160余个,建立行之有效的工作制度,保障民间调解规范开展、依法开展。三是提升人民调解员能力素质。对调解人员加大培训力度,邀请专家对《人民调解法》进行解读,对不同阶段可能出现的热点、难点进行有针对性的培训。

组织信访、司法、公安和当地基础组织等部门人员,深入灾区开展矛盾纠纷和安全隐患排查,及时疏解群众情绪,会商解决有共性的、难度大的问题。加大服务和沟通群众的工作力度,现场受理群众求助,开展补办身份证、户口本等便民服务工作,现场提供法律咨询和援助,切实为受灾群众排忧解难,让群众真切感受到党和政府就在身边。

◆ "安"民众之心

汶川县落实"5·12"受灾困难群众"三项"政策的实施方案

为认真落实国务院提出的口粮和补助金、家属抚慰金、"三孤"人员补助政策,妥善安置"5·12"汶川地震受灾困难群众,确保国家救助政策落实到位,维护受灾困难群众的合法权益,汶川县特制定实施了《汶川县关于落实"5·12"受灾困难群众"三项"政策的实施方案》。

一、"三项"政策的发放对象和标准

(一)口粮和补助金发放对象和标准

(1)临时生活救助包括补助金和救济粮,救助对象为因灾无房可住、无生产资料、无生活来源的困难群众(农民、学生、个体工商户、城镇低保人员、职工无收入家属、暂住1个月以上的人口、城镇无收入人员、县境内企业职工和下岗职工等)。

(2)补助标准为每人每天10元补助金和1斤成品粮,补助期限3个月。

(二)遇难者家属抚慰金发放对象和标准

(1)抚慰金发放对象为"5·12"地震遇难人员家属(直系亲属),以现金方式发放。

(2)抚慰金发放标准为按已经确认属于"5·12"地震遇难人员计算,每遇难1人发放5000元。

(三)"三孤"人员标准和援助政策

(1)"三孤"人员是指因灾造成的孤儿、孤老、孤残(包括原"三孤"人员)。

(2)因灾造成的"三孤"人员补助标准为每人每月600元,补助期限3个月,受灾的原"三孤"人员补足到每人每月600元。

二、"三项"政策的发放办法

（一）口粮和补助金发放办法

（1）"5·12"汶川地震受灾困难群众救助实行属地管理原则，由乡镇人民政府负责调查、核实和统计户口在灾害发生地的救助对象，经公示后及时上报领导小组办公室。

（2）凡户籍地、居住地和安置地一致的受灾困难群众，由户籍地乡镇人民政府负责调查、核实和统计，经公示后及时上报领导小组办公室。

（3）户籍地和居住地不一致，灾害发生地为居住地且居住1个月以上的受灾困难群众，由居住地乡镇人民政府负责调查、核实和统计，经公示后及时上报领导小组办公室。

（4）户籍地、居住地与安置地不一致，需要进行转移安置且1个月内不能实现转移安置的受灾困难群众，由居住地乡镇人民政府负责救助对象调查、核实和统计，经公示后及时上报领导小组办公室。1个月以后，需转移安置的受灾困难群众，凭身份证、户口簿以及灾害发生地民政部门出具的证明，到安置地民政部门提出书面申请，安置地民政部门对符合条件的受灾困难群众办理审核手续，并发放现金和粮食。

（5）口粮和补助金发放名单经领导小组审核后，由民政局和财政局将补助金和口粮划拨至各乡镇，乡镇人民政府直接按月发放给救助对象。救济粮的出库、调运和加工由粮食部门会同民政部门办理。

（6）对灾区受灾困难群众主动投亲靠友，并请求由亲友所在地民政部门安置和救助的，需救助对象凭身份证、户籍以及灾害发生地县级民政部门的证明，向安置地县级民政部门提出书面申请，由安置地县级民政部门为符合条件的受灾困难群众办理审核手续并发放现金和粮食。

（二）遇难者家属抚慰金发放办法

（1）实行属地管理原则，由各乡镇人民政府、派出所负责调查、核实和统计并及时上报辖区内"5·12"地震遇难人员名单，县民政局和财政局根据遇难者人数将抚慰金划拨至各乡镇，由乡镇发放给遇难者家属。

（2）领取人（配偶、子女或父母）需出具"5·12"地震死亡证明书、家属关系证明及本人有效身份证明材料。

（3）由乡镇人民政府审核领取人出具的相关证明材料。

（4）登记、造册并发放遇难者家属抚慰金。

（5）异地家属因路途遥远，领取抚慰金有困难的，家属所在地民政部门要提供准确的文字证明材料，并与遇难人数统计地民政部门取得联系，办理代发事宜。

（三）"三孤"人员补助金发放办法

（1）由乡镇人民政府负责调查、核实和统计上报因灾造成的新增"三孤"人员名单和原"三孤"人员名单。

（2）"三孤"人员名单经领导小组审定后，由县民政局会同县财政局及时将补助金划拨至各乡镇，由各乡镇足额发放给"三孤"人员。

一方面严格兑现相关救助政策，动员各方力量满足群众吃、住、医等基本需求，加大对"鳏、寡、孤、独、残"等特殊群众的帮扶力度。另一方面将群众思想疏导作为重点。一是结合群众工作和心理救助，掌握群众心理需求，进行心理疏导，预防灾后出现伤亡事件，提高群众安全感；二是开展必要的文化活动，丰富群众灾后的日常生活，提振情绪和精神；三是加强宣传和引导，及时挖掘和培树先进典型，用群众身边人进行宣传教育，鼓励群众正确面对灾害，树立重建信心。

浴火重生之路

"山河可以改变，道路可以阻断，房屋可以摧毁，但摧毁不了我们抗震救灾的坚强决心，摧毁不了我们救助灾区人民的坚强决心，摧毁不了我们在废墟上重建家园的坚强决心！"

在灾难面前，中国人民表现出空前的坚韧、团结，举国上下投入到应急救援和灾后恢复重建中。作为灾区党委政府，在各方帮助下发扬抗震救灾精神，团结带领各族干部群众，以重建为契机实现更高水平的可持续发展，为未来发展留下可靠发展空间，开创民族地区灾后重建典范，是一项比抢险救援更为艰巨、更有意义的任务。

风雨过后集结号

从"5·12"汶川特大地震到"8·8"九寨沟地震，阿坝州经受了3次特大地震灾难，遭受了"8·14"汶川特大泥石流、"6·24"茂县叠溪山体突发高位垮塌等数十次重大自然灾害的侵袭，人民群众的生命财产遭受了巨大损失。重（特）大灾难发生后，中央、省委领导深入灾区视察灾情，慰问干部群众，指导救灾工作，对灾后恢复重建作出重要指示、提出明确要求，为重建工作指明了方向。在科学评估灾情的基础上，党中央国务院和省委、省政府出台了一系列支持政策，支持灾后恢复重建。上级的高度重视和坚强领导，保证了重建的政策扶持和资金来源，保障了顶层设计的科学性和重建工作的可持续性，为恢复重建提供了根本保证。

·政策集结令·

灾后重建的任务是通过采取一系列建设措施，使受灾地区重新建立起完整的社会架构，以承载必需的社会基本功能以及重新维持社会秩序。每一次灾后重建，国家、省、市（州）都会根据重建目标和实际突出问题出台一系列重建政策，有力地确保了重建工作的顺利开展。

长期以来，我国一直实行以中央统筹规划、直接安排部署为主的灾后恢复重建工作思路和对策，取得了积极的成效，但也存在投入过大、成本偏高、地方过度依赖中央等问题。每一次灾后重建因受灾地区、受灾情况、重建目标等不同，需要的政策支持也有区别。十年来，阿坝州逐步形成政府主导、多元投入的灾后重建资金筹集机制，从单一依靠政府投入，到企业、社会组织、社会民众和灾区群众的积极参与。通过对3次大的灾后重建政策的梳理，灾后重建的政策体系更加完善，更富有针对性和创新性，为全面总结和探索更加科学合理的灾后恢复重建办法提供了借鉴。

灾后重建的新汶川

"5·12"汶川灾后重建政策

国家层面政策

2008年6月4日，国务院第11次常务会议通过由温家宝总理签发的中华人民共和国国务院第526号令《汶川地震灾后恢复重建条例》（以下简称《条例》），这是我国首个专门针对一个地方灾后恢复重建的条例，标志着灾后重建工作纳入法制轨道。《条例》共有9章80条，对恢复重建的原则、过渡性安置、调整评估、恢复重建规划、资金筹集与政策扶持、监督管理、法律责任和附则做了详细规定。其中，明确规定恢复重建规划的内容应包括总体规划、城镇体系规划、农村建设规划、城乡住房建设规划、基础设施建设规划、公共服务设施建设规划、生产力布局和产业调整规划、市场服务体系规划、防灾减灾和生态修复规划、土地利用规划等专项规划。

2008年6月29日,国务院印发《国务院关于支持汶川地震灾后恢复重建政策措施的意见》。这份涵盖了灾后恢复生产和重建家园方方面面的文件,从9个方面就如何实现灾后重建可持续性发展、扩大原有政策执行范围提出了大量可操作的具体支持措施,并提出"统一思想,加强领导;明确责任,密切配合;细化政策,完善办法"的工作要求。

2008年7月3日,国务院印发《国务院关于做好汶川地震灾后恢复重建工作的指导意见》,明确提出灾后重建的指导思想和基本原则。指导思想是深入贯彻落实科学发展观,坚持以人为本、尊重自然、科学重建;优先恢复灾区群众的基本生活条件和公共服务设施,尽快恢复生产条件,合理调整城镇乡村、基础设施和生产力的布局,逐步恢复生态环境;坚持自力更生、艰苦奋斗,以灾区各级政府为主导、广大干部群众为主体,在国家、各地区和社会各界的大力支持下,精心规划、精心组织、精心实施,又好又快地重建家园。基本原则是科学规划,有序推进;因地制宜,分类指导;自力更生,艰苦奋斗;一方有难,八方支援。

*中央财政建立地震灾后恢复重建基金。*所需资金以中央一般预算收入安排为主,中央国有资本经营预算收入、车购税专项收入、中央彩票公益金、中央分成的新增建设用地有偿使用费用于灾后重建的资金也列入基金。2008年,中央财政安排灾后恢复重建基金700亿元,其后两年继续做相应资金安排。同时调整经常性预算安排的有关专项资金的使用结构,向受灾地区倾斜,统筹使用受灾地区财政投入、对口支援、国内银行贷款以及国际组织贷款等资金,引导各类捐赠资金合理配置、规范使用,提高资金使用效益。四川省财政比照中央财政做法,相应建立了地震灾后恢复重建基金。

*财政支出政策。*按照"统筹安排、突出重点、分类指导、包干使用"的原则,采取对居民个人补助、项目投资补助、企业资本金注入、贷款贴息等方式,对城乡居民倒塌毁损住房、公共服务设施、基础设施恢复重建以及工农业恢复生产和重建等给予支持。对倒塌毁损民房恢复重建,公共服务设施恢复重建,工商企业恢复生产和重建,农业、林业恢复生产和重建,基础设施恢复重建以及其他恢复重建的财政支出政策均做出

详细规定。

税收政策。促进企业尽快恢复生产,减轻个人税收负担,支持受灾地区基础设施以及房屋建筑物等恢复重建,鼓励社会各界支持抗震救灾和灾后恢复重建、促进就业等。

政府性基金和行政事业性收费政策。3年内对受灾严重地区减免部分政府性基金和行政事业性收费。根据当地实际情况,对受灾严重地区酌情减免由中央批准属于地方收入的行政事业性收费以及本省出台的行政事业性收费。

金融政策。支持金融机构尽快全面恢复金融服务功能,鼓励银行业金融机构加大对受灾地区信贷投放,增强受灾地区金融机构贷款能力,发挥资本、保险市场功能支持灾后恢复重建,加强受灾地区的信用环境建设。

产业扶持政策。恢复特色优势产业的生产能力,调整产业结构,优化产业布局和改善产业发展环境。

土地和矿产资源政策。免收新增建设用地土地有偿使用费和土地出让收入,划拨土地,降低地价,增加矿产资源补偿费等。

就业援助和社会保险政策。加大就业援助,保障工伤保险待遇支付,保障养老保险待遇支付,保障受灾困难人员基本生活。

粮食政策。稳定受灾地区粮食市场,支持受灾地区受损粮库维修重建,促进受灾地区种粮农民增收。

省级层面

地震发生后,四川省第一时间成立汶川地震灾后恢复重建委员会,负责整个重建工作的组织领导,灾区市、县(区)两级党委政府自觉担负地方实施主体责任,建立起网络化、下沉式、专业性的重建实施组织体系,明确了责任主体和工作主体。省、市(州)、县三级联动的指挥体系为重建工作顺利推进提供了科学有序、高效统一的组织保障。四川省委、省政府大胆放权,结合深化行政审批制度改革,最大限度地把重建项目的审核权下放到受灾市(州)、县(区)。即使保留在省政府的少数审批事项,省直有关部门也与市(州)、县(区)积极研究建立"绿色通道"。自主权下放后,重建举措更加符合实际,避免项目与资金"两张皮"的现象，大大提高了资金使用效益。

2008年7月10日，四川省人民政府出台《关于支持汶川地震灾后恢复重建政策措施的意见》，坚持在帮助灾区群众快速重建家园的基础上，统筹好当前与长远、生活与生产、经济发展与生态保护，结合新型工业化、城镇化和新农村建设，促进灾区经济社会全面协调发展，对全省灾后重建有关政策进行了规定。

财税政策。努力筹措灾后恢复重建资金，给予重灾区过渡期财力补助，统筹预算内投资安排，整合省级现有贴息资金，减免灾区部分行政事业性收费。落实国家已出台政策，支持企业吸纳就业，调整重灾县营业税起征点，减免因灾损毁房屋有关税收，允许延期申报纳税，实行出口货物退（免）税应急管理。

2008年10月6日，四川省财政厅、四川省物价局、中国人民银行成都分行转发《财政部、国家发改委关于对汶川地震受灾严重地区减免部分行政事业性收费等问题的通知》，对全省39个灾区县减免部分行政事业性收费、矿产资源补偿费、探矿权采矿权使用费等有关优惠政策进行了规定。

2008年5月30日，四川省国家税务局转发国家税务总局《关于增值税一般纳税人抗震救灾期间增值税扣税凭证认证稽核有关问题的通知》；2008年9月1日，四川省国家税务局下发《关于落实〈汶川地震受灾严重地区扩大增值税抵扣范围暂行办法〉有关问题的通知》；2008年9月11日，四川省地方税务局转发财政部、海关总署、国家税务总局下发《关于支持汶川地震灾后恢复重建有关税收政策问题的通知》，对有关税收方面的政策进行了规定。

2008年9月10日，四川省物价局下发《关于停止征收地方电网移民后期扶持基金和受灾严重地区免收两项基金有关问题的通知》。

金融政策。开启绿色授信通道，增加重灾区再贷款、再贴现额度，创新信贷产品，放宽机构准入条件，支持中小企业担保机构建设，扶持地方金融机构，推动企业利用资本市场融资。

2008年9月8日，中国人民银行成都分行、四川银监局、四川证监局、四川保监局转发《中国人民银行、银监会、证监会、保监会关于汶川地震灾后重建金融支持和服务措施的意见》，中国人民银行成都分行制定

《关于四川省灾后恢复重建的信贷指导意见》。

国土资源政策。确保恢复重建用地,调整耕地占补平衡方法,提高用地审批效率,妥善解决农民住宅用地,维护城镇居民土地权益,调整灾毁耕地复垦项目实施方式,加强地质灾害监测预防,办理省、州煤炭探矿权审批发证工作。

2008年6月20日,省政府印发《四川省"5·12"汶川地震灾后农房重建工作方案的通知》;6月24日,省建设厅下发《关于开展全省地震灾区城镇受损房屋建筑抗震鉴定修复加固工作的通知》;7月23日,省政府印发《关于建立灾区农房重建建材特供机制的意见》;8月1日,省政府印发《四川省汶川地震损坏农房维修加固工作方案的通知》;8月8日,发布实施四川省人民政府令第226号《汶川地震灾区城镇受损房屋建筑安全鉴定及修复加固拆除实施意见》;8月15日,省建设厅、省财政厅、省物价局为贯彻第226号省政府令,下发《汶川地震灾区城镇受损房屋建筑安全鉴定及修复加固拆除实施意见的通知》。

产业扶持政策。恢复特色优势产业生产能力,促进产业结构调整,优化产业布局,改善产业发展环境。2008年6月,省政府办公厅印发《汶川大地震灾后恢复重建省内对口支援实施意见的通知》;7月24日,省乡镇企业局、省中小企业局制定《关于做好灾后恢复重建工作意见》,对加快中小企业恢复重建做出规定。

工商管理政策。放宽市场准入,实施商标战略。省工商局出台了《关于发挥商标管理职能支持灾后重建的意见》《关于支持汶川地震灾后恢复重建促进加快发展的政策实施意见》《关于支持汶川地震灾后个体私营企业恢复生产经营加快发展的若干意见》《关于支持地震灾区恢复重建做好工商登记管理工作有关问题的通知》等相关文件。

就业援助政策。扩大就业援助范围,积极开发公益性岗位,鼓励使用灾区劳动者,组织免费职业技能培训,支持灾区外派劳务工作,促进原籍灾区的高校毕业生就业。

社会保障政策。实施失业救助,扩大养老保险支付范围,缓缴核销社会保险费,保障受灾困难人员基本生活。2008年7月16日,省人民政府办公厅印发《关于支持汶川地震灾后恢复重建就业和社会保险政策实施意见》。省政府办公厅还转发省劳动保障厅《关于在地震灾区实施就业援助意见的通知》。

粮食政策。稳定灾区粮食市场，支持灾区受损粮库维修重建，促进灾区种粮农民增收。

其他政策措施。鼓励社会资金参与恢复重建，下放项目审核权限。2008年7月16日，省政府印发《关于灾后重建国家投资工程建设项目招标投标工作的通知》；7月18日，省政府印发《关于在地震灾后恢复重建中推行以工代赈方式的意见》《关于进一步做好灾后恢复重建建材物资供应工作的紧急通知》。

州级层面

2008年9月23日，以国务院《汶川地震灾后恢复重建总体规划》下发实施为标志，抗震救灾全面进入灾后重建阶段。阿坝州结合地方实际，出台多项政策和措施，全力助推科学重建、科学发展。

对口支援实施方案。2008年6月23日，阿坝州人民政府办公室下发《关于印发〈阿坝州地震灾后恢复重建对口支援实施方案〉的通知》。

对口支援4个基本原则：统筹规划，有序实施；自力更生，协作配合；立足实际，创新方式；明确时限，提高实效。

对口支援主要内容：提供规划编制、建筑设计、专家咨询、工程建设和监理等服务；建设和修复城乡居民住房；建设和修复学校、医院、广播电视、文化体育、社会福利等公共服务设施；建设和修复城乡道路、供（排）水、供气、污水和垃圾处理等基础设施；建设和修复农业、农村等基础设施；提供机械设备、器材工具、建筑材料等支持。选派师资和医务人员，提供人才培训、异地入学入托、劳务输入输出、农业科技等服务；按市场化运作方式，鼓励企业投资设厂、兴建商贸流通等市场服务设施，参与经营性基础设施建设；对口支援双方协商的其他内容。

就业和社会保险政策。2008年8月6日，阿坝州人民政府印发《关于地震灾后恢复重建就业和社会保险政策的实施意见》，提出加大就业援助力度，切实开展失业救助，加强社会保险政策扶持的工作要求。

城镇住房重建工作实施方案。为认真贯彻国务院、省政府关于地震灾后恢复重建总体工作部署，加快解决因灾毁损而无房可住的城镇居民住房问题，尽快恢复灾区正常的生活生产秩序，通过3年努力完成全州城镇住房重建任务。2008年10月28日，根据《国务院汶川地震灾后恢复重建条例》《四川省汶川地震灾后城乡住房恢复重建规划》《四川省汶川地震灾后城镇住房重建工作方案》，结合阿坝州实际，阿坝州人民政府制发《关于印发〈阿坝州汶川地震灾后城镇住房重建工作实施方案〉的通知》。

交通项目实行代建制。2008年12月5日，阿坝州人民政府印发《关于灾后重建政府投资交通项目实行代建制管理的试行意见》，对政府投资交通项目实行代建制管理的范围、资格条件、代建单位的确定、代建单位的职责、代建费用确定办法、奖惩规定、组织机构和工作职责等做了相关规定。

扶持工业企业灾后重建。2009年5月6日，阿坝州人民政府制发《关于扶持工业企业灾后重建若干政策的意见》，就财政扶持政策、税收扶持政策、金融扶持政策、国土资源扶持政策和要素扶持政策作具体规定。

定点帮扶工业企业。2009年5月17日，阿坝州人民政府印发《关于州直有关部门和金融机构定点帮扶规模以上工业企业灾后恢复重建工作的通知》，规定了具体要求、帮扶时间、奖惩办法和组织实施。

金融政策。2009年5月22日，阿坝州人民政府下发《关于印发金融支持灾后重建和加快发展指导意见的通知》，就把握金融支持方向、用好用活各项政策、突出信贷支持重点、加强服务体系建设和金融产品创新、强化适宜重建发展的金融生态建设方面做出政策规定。5月31日，阿坝州人民政府发出《关于印发阿坝藏族羌族自治州汶川地震灾后恢复重建贷款财政贴息实施办法的通知》，就灾后恢复重建贷款财政贴息实施办法做出政策规定。

扩大内需。2009年11月20日，中共阿坝州委办公室、阿坝州人民政府办公室印发《阿坝州加强扩大内需灾后重建工程项目建设管理的几项规定的通知》，对阿坝州扩大内需灾后重建项目做了进一步加强招标投标管理、进一步加强在建工程管理、进一步加强对建筑市场的管理、进一步落实各部门监督执法职责、进一步加大违规违纪违法案件查处力度5个方面的规定。

城镇居民住房重建。2010年11月2日，结合《四川省人民政府关

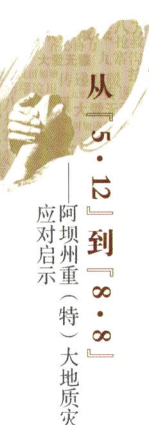

于印发〈四川省汶川地震灾后城镇住房重建工作方案〉的通知》和省物价局、省建设厅、省财政厅《关于做好汶川地震灾后城镇安居住房和廉租住房价格管理的通知》的有关规定，阿坝州人民政府办公室印发《关于做好汶川地震城镇居民住房重建有关工作的通知》，就做好城镇居民住房重建有关工作做出规定。

"6·24"茂县叠溪灾后重建政策

"6·24"茂县叠溪特大山体滑坡灾害发生后，阿坝州委、州政府始终坚持"省指导、州统筹、县实施、群众参与"的原则，严格按照"一年建成农房、两年基本完成重建、三年恢复产业"的总体要求，有力、有序、有效地推进恢复重建各项工作。同时，茂县进一步科学统筹调度人、财、物等资源，用足用好各项支持政策，保质保量做好前期设计及方案优化等基础工作，确保"6·24"灾后恢复重建各项工作的全面推进。

财税政策。灾后恢复重建项目由省级有关部门负责指导和审核把关，在保持灾区原有项目资金规模不减的前提下，省级相关部门从现有专项资金中给予分类倾斜支持；省级财政统筹安排中央、省级专项资金再给予适当补助，包干下达州县用于重建规划项目建设。房屋灭失农户参照康定"11·22"地震灾后恢复重建补助标准，按不高于6万元每户给予补助。

金融政策。扩大受灾地区分支机构信贷审批权限，简化贷款流程，优先支持信贷需求，对因灾重建农户参照扶贫小额信用贷款给予支持，贷款期限延长至5年，并享受财政贴息、风险分担、贷款奖补支持政策；根据受灾地区金融机构信贷需求，适当增加再贷款额度，支持地方法人金融机构将扶贫再贷款资金优先用于支持恢复农业产业、发展村集体经济等；加大灾区支农信贷支持，对个人信贷和村集体经济发展信贷适当降息；对灾区已有贷款偿还困难的群众，核销、减免或延长还款期限；按政策性农业保险相关规定对山洪泥石流、滑坡等自然灾害造成的损失及时予以赔付。

土地政策。灾后恢复重建的农村居民点、基础设施、公共服务设施和产业项目应纳入所在乡镇土地利用总体规划调整完善成果，所需新增建设用地在土地利用年度计划指标中优先安排。指标不足的，由国土部门根据实际需要给予解决，实行边建设边报批。涉及使用林地的抢险救灾项目，可先行使用林地，并在灾情结束后6个月内补办使用林地审核手续。支持当地政府合法征用集体土地，采用无偿划拨等方式，用于灾区群众发展产业并给予国家和省级补助资金。

民政政策。受灾农户住房重建可享受国家避险搬迁政策，对特别困难的受灾群众由州县统筹考虑给予特殊支持；因灾返贫致贫的群众，可享受国家易地扶贫搬迁政策。符合重建条件的"三孤"人员（孤儿、孤老、孤残）、分散供养特困人员，原则上不单独重建住房，在尊重自愿的基础上，通过福利院、敬老院救助，补助资金发放给福利院、敬老院；鼓励通过投亲靠友的家庭寄养方式解决供养问题，并将补助资金给付"三孤"人员、分散供养特困人员；对确需重建住房的群众，由受灾县人民政府整合住房包干资金建设；对单（双）亲失联学生，开展帮困助学工作，切实保障受灾学生顺利完成学业。

社保政策。对有就业去向的灾区群众实行免费定向培训、订单培训，对国家规定实行就业准入的指定工种提供职业技能鉴定全额补贴；将灾害监测、卫生防疫、物资搬运、治安维护、后勤保障、环境清理等纳入公益性岗位认定补贴；将灾区离校未就业的高校毕业生纳入就业援助范围，由公共就业人才服务机构登记失业并享受相关待遇。

审批政策。对纳入重建规划的项目，直接开展项目可行性研究、实施方案等前期工作，行洪、水保、环评等开工前所需要件的办理审批权限同步下放。因前期工作需要，经项目业主向地方政府申请同意，可直接委托开展勘察设计工作。属于省审批（核准）的灾后重建工程项目，除有特殊要求外，由授权项目所在州发改部门核准招标事项并履行监管职能。经州人民政府同意，对需立即实施的抢险救灾项目、因地灾引起的新灾害或次生灾害且需立即进场施工的项目，按照有关规定可以不招标不比选，直接确定承包人。

"8·8"九寨沟灾后重建政策

2017年11月7日,四川省政府出台《关于支持"8·8"九寨沟地震灾后恢复重建政策措施的意见》,从资金补助、税收减免、生态恢复、景区恢复、民生保障等方面给予政策支持,提出共计10大方面36条具体政策措施。

财政政策。省财政统筹中央补助资金,对灾后恢复重建实行包干补助、分年安排。创新地方政府债券资金管理模式,给予灾区单列专项债券额度支持,新增政府债务限额支持。支持阿坝州建立大九寨文化旅游产业振兴基金。给予灾区综合性财力补助,支持灾区政权机构正常运转和保障基本民生。灾区政府要通过调整支出结构,集中财力用于灾后恢复重建,统筹优化财政资金使用,发挥财政资金的杠杆作用,吸引更多社会资金参与重建,引导社会捐赠资金在规划框架下认建或承建恢复重建项目。积极支持符合条件的灾后恢复重建项目借用国外贷款,引导国际组织无偿援助项目向灾后恢复重建项目倾斜。

税费政策。减轻灾区企业税收负担。纳税人开采或生产应税产品过程中,因地震灾害遭受重大损失的免征资源税;纳税人因地震灾害造成损失、纳税确有困难的免征房产税、城镇土地使用税;个人因地震灾害造成重大损失的,对其来源于受灾地区的所得减征七成个人所得税。对灾区减免部分政府性和行政事业性收费。对不超过原有用地规模的恢复重建项目免收新增建设用地土地有偿使用费。按照规定权限,提高水资源费征收标准和灾区留存比例。灾后恢复重建乡村道路、乡镇(林场、森工局)集中居民点、医院、学校、福利院等民生项目和农林生产设施项目,免交森林植被恢复费。

金融政策。开通市场准入、授信审批、企业债券申报发行绿色通道,支持阿坝州农村信用联社改制农商行。银行业金融机构优先安排灾区灾后重建信贷资金,在信贷规模上向灾区倾斜,增加对灾区长期限、低成本的信贷资金投入。对灾前已经发放、因灾不能按期偿还的贷款,不催收催缴、不罚息、不作为不良记录、不影响其继续获得灾区其他信贷支持。支持灾区企业在银行间债券市场发债,降低企业发债准入门槛,支持灾区企业直接融资。鼓励在受灾地区设立小额贷款公司。免除地震灾区城乡居民住宅地震巨灾保险居民个人应交保费。引导保险机构优先将保险资金投资到受灾地区基础设施恢复重建项目。建立绿色理赔通道，尽快、尽全支付保险赔款。

土地政策。优先核定受灾地区重建用地规模，优先安排灾后恢复重建新增建设用地计划指标，对于指标不足的，本着节约集约用地的原则预支安排。支持受灾地区开展城乡建设用地增减挂钩试点。采取"边占边补"的方式落实耕地占补平衡。提高用地审批效率，恢复重建项目用地审批一律纳入"快速通道"进行快速审批。调整灾毁耕地复垦项目实施方式，按受损程度给予适当补助。

地质灾害防治政策。支持开展临时安置点、重建项目选址危险性评估。建立地震灾区地质灾害防治长效投入机制，建立完善地质灾害综合防治体系。支持灾区开展自然遗产地地质条件调查，支持地震活断层探测和预警预报能力建设。支持山洪灾害监测预警体系建设，完善非工程措施体系，提高山洪灾害防治能力。

生态修复保护政策。加大重点生态功能区转移支付力度。支持规划内重建项目先行使用林地，重建期结束后半年内补办手续，所需定额不占用四川省"十三五"期间使用林地定额，特殊项目允许使用一级保护林地。支持灾区损毁林地恢复，优先安排天然林保护工程公益林建设，地震灾害林木清理所需采伐限额在全县范围内统筹使用，允许对受灾林木进行清理并恢复植被。已经享受集体公益林补偿政策的农户，因地震造成公益林损毁的按照原面积继续享受生态补偿政策。支持世界自然遗产、自然保护区、森林公园修复保护。重建项目使用林地审批纳入绿色通道，依法从快从简办理。

景区恢复和产业发展政策。支持创建"国家级全域旅游创新发展示范区"，支持大九寨旅游基础设施建设和旅游产业转型升级。开放九黄机场为国际口岸机场。对灾后恢复重塑的大九寨旅游品牌给予专题宣传支持。支持灾区集聚发展清洁能源、生态农牧业、农畜产品及中药材种植加工、商贸流通、旅游、现代物流、电子商务、文化创意、演艺娱乐、公共空间艺术、生产性服务业等产业，引导产业集中集聚发展，调整优化产业结构。支持灾区县到成阿、德阿等产业园区设立"园中园"，发展"飞

地经济"。工商政策放宽市场准入，实施商标品牌战略。

就业和社会保障政策。扩大就业援助范围和公益性岗位认定范围，按规定给予社会保险补贴和岗位补贴。支持灾区群众自主创业，给予创业补贴，免费开展职业培训。对灾区群众和人力资源服务机构给予就业创业服务补贴。扩大失业保险支持范围。实施养老保险扶持政策，因灾停产、歇业或生产经营受到严重影响的企业，可申请缓缴养老保险费。保障工伤保险待遇支付。保障因灾受伤群众的后续治疗。

城乡住房重建政策。对住房毁损（指住房倒塌或严重损坏不可修复）导致无房可住的受灾居民给予适当补助。根据房屋破坏程度对因灾受损住房维修加固实行分档补助。在城镇购房落户的受灾农村居民和城镇受灾群众同等享受农村住房重建补助政策。

基础设施政策。对纳入基础设施和公共服务重建专项实施方案的铁路、公路、机场以及能源、水利、通信等重大基础设施项目给予倾斜支持。

·政策对接与落实·

在灾后重建推进中，无论是受灾群众安置，还是恢复重建工作，都是长期、艰巨的任务。地方党委、政府在政策上必须统筹规划和全程监管，避免某些地方和领域受到更多关注和支持，而另一些地方和领域缺少关注和支持的现象。根据灾情大小、危害程度，构建更加科学、高效、有序的灾后恢复重建体系，更好地发挥制度的优越性、政策的调控性。

一是加强重建资金的管理。对到位的中央和省级灾后恢复重建资金，首先纳入各级财政重建专户，实施专户储存和预算管理，严格预算执行程序。阿坝州财政局在"5·12"抢险救援阶段下发《关于加强各项受灾补助和灾后恢复重建资金管理的通知》，重申各项补助标准，要求各县对汶川地震遇难人员抚慰金、过渡安置补助、农房维修加固和重建补助、城镇居民住宅重建和除险加固补助等资金严格按政策规定和标准给予保障落实。在全面推进灾后重建时，根据中央、省政府要求制定《阿坝藏族羌族自治州抗震救灾资金管理办法》《阿坝藏族羌族自治州地震灾后恢复重建资金管理暂行办法》《阿坝州人民政府关于加强州级预算单位恢复重建项目资金管理的通知》，为全州规范使用灾后重建资金提供制度保障。

二是加强金融支持重建力度。重建需要大量资金，在用好财政资金的同时，必须借助金融工具予以保障。"5·12"灾后重建编制下发了《关于进一步加强城乡居民住房重建金融服务的意见》《金融支持阿坝州经济社会发展的工作方案》等信贷指导意见，引导金融机构按照"区别对待、有保有压"的原则，加大对薄弱环节、优势产业及重点项目的信贷支持。累计发放灾后重建贷款63亿元，其中基础设施重建贷款余额21亿元，产业重建贷款余额19亿元。累计向5.2万户农户发放重建贷款11亿元，其中向1.7万户贫困农户发放重建贷款3亿元。累计向1586户居民发放1.84亿元重建贷款，支持城镇居民住房重建和购买自住住房。中国人民银行阿坝州中心支行积极向上级争取支农再贷款限额，对支持县域经济发展贡献突出、财务状况健康的农村信用联社增加支农再贷款额度2875万元。累计发放支农再贷款16.7亿元，其中累计发放灾区优惠利率支农再贷款15.9亿元，占全州支农再贷款累计发放数的95%。

在"8·8"九寨沟灾后重建中，进一步加大引导金融资金投入重建。启动灾后恢复重建授信审批"绿色通道"，在审批流程、授信额度等方面采取更优惠的信贷政策；鼓励在受灾地区设立小额贷款公司，将注册资本金准入门槛降低至5000万元；支持受灾地区企业申请首次公开发行股票和上市公司再融资；支持受灾地区上市公司通过并购重组做优做强；加大货币政策工具支持力度、实施财政保费补贴政策、落实特色农业保险奖补政策及建立绿色理赔通道等。

三是落实住房保障政策。严格按照标准落实城镇住房重建资金补助、住房重建建房税费减免补助、房价政策性优惠补助和城镇住房除险加固补助、安居住房及廉租住房、原址重建住房、促进住房市场发展、税费减免、信贷扶持等相关政策，坚持标准一致、进度及时。对其中有困难的群体，采取争取对口支援、寻求社会帮扶等方式解决。

四是强化产业扶持力度。恢复生产是重建的内容和保证，应当在重建资金、税费减免、产业转型和建设审批等方面给予帮助。"5·12"灾后产业恢复中，阿坝州政府对接相关政策，先后制定《关于扶持工业企业灾后恢复重建若干政策的意见》《州级经济综合部门对口帮扶企业恢复重建的实施意见》《国家下达全州产业恢复重建补助资金安排方案》等一系列扶持优惠政策，从各方面、多渠道帮助扶持企业加快恢复重建进程。"8·8"九寨沟地震进一步突出产业重建，对因地震灾害遭受重大损失的企业和纳税人免征资源税、房产税及城镇土地使用税，减征七成个人所得税。建立大九寨文化旅游产业振兴基金，通过政府出资引导、社会资本参与，重点支持旅游基础设施改造升级、自然遗产（风景名胜区）保护、文化遗产保护传承、文化创意创新、旅游新业态开发、旅游产业链延伸增值等文化旅游产业发展。

五是加速推进就业和社会保障等政策。为促进群众尽快就业，提供基本社会保障，阿坝州在"5·12"汶川地震后及时制定《阿坝州关于地震灾后恢复重建就业和社会保险政策的实施意见》《阿坝州灾后失业保险基金支持受灾企业恢复重建的管理办法》等4个配套文件，形成阿坝州支持灾后恢复重建就业特殊政策框架，为促进和扩大就业、帮助群众增收致富提供了强有力的政策支撑。将阿坝州地震灾区的城镇登记失业人员（含大中专毕业生），因灾失去耕地、林地等生产资料的农业劳动者，因灾无法返回原居住地的农业劳动者等困难群体作为就业困难人员纳入就业援助范围。同时，将抗震救灾和灾后恢复重建中的卫生防疫、环境清理、物资搬运、伤员看护、治安维护、后勤服务、废墟清理、基层劳动保障协理、险情监测、环境绿化管理、消防协管、灾区自然文化遗产及地震遗址保护、乡村基础设施临时管护等确定为公益性岗位。灾后，全州累计提供公益性岗位达6万余个。

在"8·8"九寨沟地震灾后重建中，鼓励灾区群众自主创业，对首次创办小微企业或从事个体经营并正常经营1年以上的灾区就业困难人员给予1万元创业补贴。组织开展劳务输出对接活动，免费提供岗位信息和就业服务，给予参加有组织劳务输出的灾区群众一次性单程公路、铁路或水运交通费补贴，促进灾区群众转移就业。扩大失业保险支持范围，参加失业保险的企业因灾停产、歇业期间，对暂时失去工作岗位的职工按规定发放失业保险金，发放期限截止到企业恢复生产当月，最长不超过18个月。自主创业并招用其他失业人员就业的，一次性给予5000元创业补助金。此外，还出台加大就业援助支持力度、组织开展免费职业培训、保障工伤保险待遇支付、给予养老保险等政策。

·倾心绘蓝图·

"5·12"汶川地震以来，我们注重重建规划的制定，积极探索，取得了灾后恢复重建新成效。

"用3年左右时间完成恢复重建的主要任务，基本生活条件和经济社会发展水平达到或超过灾前水平，努力建设安居乐业、生态文明、安全和谐的新家园，为经济社会可持续发展奠定坚实基础"，这是汶川灾后重建的庄严承诺。

"科学推进生态环境修复保护"位列重建任务第一位。这意味着九寨沟地震灾后恢复重建不搞大开发，而是把绿色发展理念贯穿灾后恢复重建全过程，努力把灾区建成践行"绿水青山就是金山银山"重要思想、推进民族地区绿色发展脱贫奔康的典范。

从历次灾后恢复建设上看，灾后重建规划是第一要务，它是一个综合性的规划，涉及城市空间发展布局规划、用地布局规划、区域交通规划、历史文化遗产保护规划以及市政公用设施规划等。从本质上说，灾后恢复建设不是简单的城市、道路、乡村重建，更不是使受灾地区恢复原样，而是要在科学实施环境评价、提高避灾减灾能力的基础上重构经济社会发展新形态，重建受灾群众新生活，构建可持续发展的新环境。

 "5·12"汶川地震灾后重建规划

规划编制。2008年5月底，中共阿坝州委、阿坝州人民政府成立了阿坝州汶川地震灾后恢复重建规划工作机构，州级各有关部门抽调100余人集中开展规划工作。7月上旬，初步完成了《阿坝州汶川地震灾后恢复重建总体实施规划》，同时编制了公共服务建设、基础设施建设、生产力布局和产业调整、城镇体系建设、农村建设、城乡住房建设、政权设施建设、市场服务体系、防灾减灾和生态环境修复9个行业专项规划和若干个子规划。

2008年8月，成立灾后恢复重建指挥部，下设9办4处，其中4办2处在汶川县漩口水田坪办公。阿坝州委、州政府负责灾后重建的领导以及阿坝州发改委等州级相关部门的领导和工作人员陆续入驻水田坪第二办公区，正式开展全州灾后恢复重建的组织、指挥、协调等工作。

2009年9月，对全州灾后重建进行中期评估，梳理重建工作中存在的问题，提出解决方案。

2010年5月，对全州及各重建县的规划进行了中期调整，使规划和年度计划更趋合理。根据国务院对灾后重建的时限要求，对全州各年度的重建进度和重建效果进行了跟踪。

规划要点。《阿坝州汶川地震灾后恢复重建总体实施规划》包括序言、规划背景、指导思想、基本原则、重建目标、主要任务和保障措施7个部分。同时，编制了公共服务建设、基础设施建设、生产力布局和产业调整、城镇体系建设、农村建设、城乡住房建设、政权设施建设、市场服务体系、防灾减灾和生态环境修复9个行业专项规划和若干个子规划，构成阿坝州汶川特大地震灾后恢复重建规划体系。

指导思想和基本原则。阿坝州汶川特大地震灾后恢复重建在科学发展观的指导下，立足高起点规划，达到高标准建设。总体上按照"两个优先、两个重点、两个突出、三个结合"的基本思路实施灾后恢复重建。

两个优先：优先恢复重建关系民生的公共服务设施，优先恢复重建关系民生的城乡居民住房。

两个重点：重点恢复重建制约经济社会发展的交通、能源基础设施，重点恢复重建城镇体系建设。

两个突出：突出恢复发展水电工业和旅游业两大主导产业，突出恢复发展特色农牧业。

三个结合：恢复重建与推进工业化、城镇化、新农村建设相结合，恢复重建与生产力布局、结构调整、产业升级相结合，恢复重建与主体功能区建设相结合。

重建目标。按照中共阿坝州第十届委员会第三十八次常委会"一年一个样、三年大变样、五年展新貌"的要求，结合上述基本思路，提出总体上全面完成7个方面恢复重建的目标任务。

城乡居民住房得到保障。确保灾区无房户住上安全实用、方便舒适、套型合理、充分体现藏羌文化风貌的永久性住房。

公共服务全面提高。形成覆盖城乡均等化的基本公共服务体系，公共服务设施条件高于灾前水平，公共服务功能全面提升。

基础设施全面恢复。交通、通信、能源、水利等基础设施水平达到或超过灾前水平，保障能力增强。

经济全面振兴。农业稳定发展，旅游先导产业地位进一步提升，工业主导产业进一步发展壮大，产业结构得到优化升级。

居民收入普遍增加。城镇居民人均可支配收入和农村居民人均纯收入特别是劳务收入超过灾前水平。

就业得到保障。通过重建创造就业和异地就业机会，使城乡劳动力就业率达到或高于灾前水平。

生态环境得到改善。有效保护生态功能区，环保基础设施更加完善，主要污染物排放明显减少，彰显生态经济地位，防灾减灾能力增强。努力建设安居乐业、生态文明、安全和谐的新家园，为阿坝州经济社会可持续发展奠定坚实基础。

主要任务。优先恢复重建关系民生的公共服务设施建设，合理调整学校布局，加强公共医疗卫生设施建设，重建汶川等13县毁损的党政机关办公用房；优先恢复重建关系民生的城乡居民住房建设；重点恢复建设制约经济社会发展的交通、能源基础设施；重点恢复重建城镇体系，优化城镇布局，科学确定城镇定位，完善配套基础设施；突出恢复发展水电工业和旅游业两大主导产业，突出恢复发展特色农牧业；市场服务体系建设中调整优化城乡商贸网点和物流设施布局，恢复重建受损严重的商场、配送中心、农资供应站、批发市场和农贸市场；农村建设恢复重建农业生产设施；加强生态环境整治及防灾减灾，把恢复重建与主体功能区的建设有机结合，促使生态经济地位逐步彰显。

保障措施。加强对地震灾后恢复重建工作的领导、组织和协调。成立地震灾后恢复重建协调机构，组织协调地震灾后恢复重建工作。编制"9+N"专项规划实施方案来支撑和实施《阿坝州汶川地震灾后恢复重

建总体实施规划》。相应编制公共服务建设、基础设施建设、生产力布局和产业调整、城镇体系建设、农村建设、城乡住房建设、政权设施建设、市场服务体系、防灾减灾和生态环境修复9个专项规划和若干个子规划的实施方案。

多渠道筹措资金,确保灾后恢复重建资金投入。通过争取国家投入、对口支援、社会捐赠、市场运作、个人和企业自筹等方式筹集地震灾后恢复重建资金。

认真贯彻执行国家《汶川地震灾后恢复重建条例》以及国家和四川省出台的灾后重建税费政策、金融政策、土地政策、对口支援政策、产业政策、就业政策以及人口转移安置政策。

要加强灾后恢复重建工程质量和安全以及产品质量的监督。加强灾后恢复重建资金拨付和使用的监督管理。加强灾后恢复重建资金和物资的筹集、分配、拨付、使用的全过程跟踪审计,定期公布审计结果。

总体安排。2009年4月29日,阿坝州发改委向阿坝州人民政府提交《灾后恢复重建年度计划总体安排意见》(以下简称《意见》)。《意见》总体安排阿坝州7个国家认定重灾县规划实施项目总数达3010个,项目估算总投资达719.68亿元。另外,金川县灾后恢复重建投资计划17.48亿元、400个项目。阿坝州共实施国家和四川省下达的灾后恢复重建投资计划项目达3410个,完成项目投资计划估算达737.16亿元。

《意见》要求从2008年10月至2010年9月的2年时间内,基本完成原定3年完成的灾后恢复重建目标任务。累计完成纳入国家规划的灾后恢复重建估算投资和项目达到85%左右,基本实现"家家有住房、户户有就业、人人有保障、设施有提高、经济有发展、生态有改善",灾区基本生活条件和经济社会发展水平总体达到或超过灾前水平。其中,重灾区汶川、茂县、理县、小金、黑水、松潘、九寨沟、金川县要完成85%左右的工作量,轻灾区马尔康、红原、阿坝、若尔盖县除少数重大发展项目外,力争2年内全部完成灾后恢复重建任务。

2008—2009年:计划完成估算投资519.56亿元,占灾后重建估算总投资的71%,累计完工项目2351个,占重建任务的69%。

2010年:计划完成估算投资174.43亿元,占灾后重建估算总投资的24%,计划完成项目928个,占重建任务的27%。2年累计完成投资

693.99亿元，占灾后重建估算总投资的95%；累计完工项目3279个，占重建任务的96%。

2010年以后：计划完成估算投资43.17亿元，占灾后重建估算总投资的5%，完工项目131个，占灾后重建任务的4%；全面完成重建任务。

灾后重建的茂县县城全貌

"6·24"茂县特大山体滑坡重建规划

2017年11月4日，阿坝州印发《阿坝州茂县叠溪"6·24"特大山体滑坡灾后恢复重建实施规划》（以下简称《规划》）的通知，指出茂县叠溪"6·24"特大山体滑坡灾后恢复重建关系灾区群众的切身利益和灾区的长远发展，必须全面贯彻落实四川省委、省政府关于"6·24"灾后重建工作总体部署，坚持恢复重建与长远发展相结合、地灾防治与生态修复相结合、新村建设与产业培育相结合、自力更生与争取支持相结合，推进科学重建、人文重建、绿色重建、阳光重建。茂县人民政府以及阿坝州人民政府有关部门要充分认识恢复重建任务的艰巨性、复杂性和紧迫性，树立全局意识，加强组织领导，全面做好恢复重建的各项工作。

规划编制。《规划》根据习近平总书记重要指示和李克强总理等中央领导批示精神，按照四川省委、省政府关于开展"6·24"灾后恢复重建部署安排，依据四川省减灾委公布的《四川省"6·24"茂县特大山体滑坡灾害损失评估报告》《四川省茂县叠溪"6·24"地质灾害评估报告》，在省发改委和省相关厅局的指导下，结合灾区实际编制实施，作为指导"6·24"灾后恢复重建的纲领性文件。规划范围是以上2个评估报告确定的灾害点（新磨村）及灾害影响区域。规划期为2017年至2020年。

指导思想和基本原则。以习近平总书记重要指示和李克强总理等中央领导批示精神为统领，全面贯彻四川省第十一次党代会精神，按照四川省委、省政府关于"6·24"灾后重建工作总体部署，充分借鉴汶川、芦山、康定、攀枝花等地灾后重建经验，坚持恢复重建与长远发展相结合、地灾防治与生态修复相结合、新村建设与产业培育相结合、自力更生与争取支持相结合，以科学规划为基础，以保障民生为核心，突出农房、产业、水利、交通重建以及地灾防治与生态修复，推进科学重建、人文重建、绿色重建、阳光重建，建成幸福美丽新家园。

以人为本，民生优先。在重建过程中，充分尊重群众意愿，把群众满意作为第一标准，围绕农房重建、产业培育、增加就业、文化传承等方面，全面改善群众生产生活条件。

尊重自然，确保安全。综合考虑资源环境承载能力和潜在威胁、灾害，科学选址、科学规划，合理避让灾害风险区和隐患点，防治结合，保障群众生命财产安全。

科学规划，有序实施。科学确定重建目标和建设时序，高度重视地灾治理，稳步推进农房重建、产业重建、基础设施重建和生态重建。

统筹兼顾，高效廉洁。坚持"省指导、州统筹、县实施、群众参与"，整合各类政策资源，积极争取各方支持，主动接受各界监督，高效推进重建，确保重建质量。

规划目标。2017年，受灾群众过渡安置得到妥善解决，项目前期工作全面启动，部分项目开工实施，应急工程基本完工；2018年，受灾群众住进经济适用、安全可靠的新房，配套公共服务设施基本建成，基础设施项目加快推进，受灾群众生活恢复正常；2019年，产业恢复发展，受灾群众就业增收得到保障；2020年，重建任务全面完成，灾区同步实现全面小康。

重建任务。农房重建方面，一是过渡安置。把房屋灭失受灾群众作为救助重点，应急救助与过渡救助无缝衔接，确保不缺一户、不漏一人。精简、规范资金发放流程，根据四川省出台的过渡安置生活救助政策，按时足额兑现过渡安置期的各项补助资金，切实保障受灾群众的基本生活。二是重建方式。充分尊重群众意愿，坚持集中重建与分散安置相结合、政府补助与社会力量扶持相结合，科学选址，节约集约用地，体现民族特色。房屋灭失户参照"11·22"康定地震灾后恢复重建安置补助标准，集中重建58户135人；紧急避险搬迁户根据现有村寨承载能力，鼓励群众以投亲靠友、就近分散嵌入等多种方式，按照避险搬迁政策分散安置。房屋建设严格执行国家建设标准、行业规范和抗震设防要求实施。三是配套设施。在集中安置点同步配套建设必要的电力通信、供排水、垃圾污水处理、村内及入户道路、村活动室、村卫生室及叠溪小学（迁建）等公共基础服务设施，建成设施完善、规模适度、功能配套、环境优美、管理有序的羌乡新村。

产业重建方面，一是农牧产业。立足现有资源条件，合理布局农牧产业，实施土地整治，恢复重建农技服务设施，发展生态农业、特色农业，建立特色水果、优质蔬菜、标准化畜禽养殖基地，引导组建农民专业合作组织，培育灾区产业发展新优势，提升灾区脱贫奔康和可持续发展的内生动力。二是旅游产业。把旅游业作为恢复重建重点产业，立足乡村休闲度假、农牧业体验游、叠溪地震遗址科考探险等，完善旅游设施，发展乡村旅游，壮大集体经济，促进就业增收、实现富民安民。

基础设施重建方面，一是水利重建。结合岷江流域上游水生态综合治理，实施河道疏浚、山洪沟治理、新建堤防和农田灌溉等工程，统筹解决生产生活用水，提升灾区河道防洪能力，提高农田灌溉水利保障水平。二是交通重建。实施省道448线叠溪至松坪沟公路灾后恢复工程，通过隧道、桥梁等工程绕避灾害点，建成山岭重丘区二级、三级公路；实施国道213线川主寺至汶川段灾害整治，实施国道213线和省道448线设施养护和信息化平台建设；加快开展川主寺至汶川高速公路项目前期工作，先期启动茂县至汶川段建设；全面提升灾区通行服务水平和抗灾保障能力。

生态重建方面，一是地灾防治。按照防治结合、以防为主的原则，因地制宜、因灾施策，重点对威胁群众生命财产安全的地质灾害点进行排查评估，抓紧治理经专业队伍确认可治理的地质灾害点，切实加强松坪沟流域地灾防治能力。二是生态建设。严格遵照重点生态功能区定位，以生态保民生，以生态促发展，坚持人工治理和自然修复、生态建设和产业发展相结合，实施天然林保护、森林生态系统保育、水土流失综合治理等重点生态工程，恢复灾区植被，增强水源涵养功能和水土保持能力，努力恢复灾区生态功能。

资金筹措。实施灾后重建项目25个，估算总投资4.12亿元。其中，农房重建项目3个，估算投资0.77亿元；基础设施重建项目11个，估算投资1.06亿元；生态重建项目4个，估算投资1.46亿元；产业重建项目7个，估算投资0.83亿元。

重建项目资金积极争取中央、省支持，加大现有专项资金倾斜支持力度，其余由州县调整优化财政支出结构，安排资金用于灾后重建。鼓励社会资金参与重建，引导社会各界援建捐建。动员受灾群众自筹资金、自力更生重建家园。引导省内外对口支援单位支持灾区重建，建立州内对口援助和帮扶机制。

环境保障。实行最严格的环境保护制度，坚决执行建设项目中环境保护设施必须与主体工程同步设计、同时施工、同时投产使用的"三同时"制度。强化总量控制指标考核，提升乡镇垃圾、污水回收处理能力，提高水生态环境质量。到规划项目实施末期，重建区域内乡镇污水集中处理率、生活垃圾无害化处理率分别达75%、80%以上，主要旅游区域垃圾收集处理率达到100%。加强环境检测和监测能力建设，完善环境预警应急机制。加大环境执法力度，严格执行环保准入，依法开展环境影响评价。严格环境保护目标责任制度，健全重大环境安全事件和污染事故责任追究制度，营造良好的灾后重建环保监督氛围。

"8·8"九寨沟地震灾后重建规划

地震发生后，四川省委、省政府及时传达贯彻习近平总书记重要指示、李克强总理等中央领导重要批示精神，迅速启动灾后恢复重建规划编制工作。

编制背景及过程。2017年8月10日，四川省抗震救灾指挥部召开第4次会议，提出及早谋划和组织开展规划编制等工作。8月18日，四川省委常委会研究部署灾后恢复重建工作，决定成立由省委、省政府主要领导总牵头的灾后恢复重建委员会，下设规划编制实施组、生态环境修复保护组、地质灾害防治组、景区恢复和产业发展组、基础设施和公共服务重建组、城乡住房重建组以及监督检查组7个工作组，时任四川省委书记王东明同志先后主持召开省重建委第一次、第二次会议，部署重建规划编制工作，省长尹力对重建规划提出具体要求，省政府办公厅印发重建规划编制工作方案，明确"1+5"规划体系（1个总体规划和5个专项实施方案）及具体责任分工。

四川省委、省政府高度重视，主要领导多次召开专题会议，研究部署总体规划编制工作，全程指导推动规划编制。有关省领导组织开展专项评估评价和重大问题研究，同步安排编制专项实施方案。省发改委组建专班，抽调精干力量连续奋战，按照省抗震救灾指挥部第4次会议要求超前谋划重建规划思路，落实省重建委部署，高效、有序地推进总体规划编制工作。在规划编制过程中，多次赴灾区实地踏勘，反复与专项工作组及灾区政府沟通对接，积极争取国家发改委等有关部委支持，充分征求和吸收采纳各方面意见。

按照国务院部署，国家发改委牵头成立了国家规划指导组，及时深入灾区实地调研，组织相关部委及专家研究论证总体规划并正式回复指导意见。省决策咨询委员会组织省内智库、有关领域专家，给予总体规划智力支持，形成专家咨询论证意见。

2017年10月27日和11月6日，四川省政府常务会和四川省委常委会先后审议通过《"8•8"九寨沟地震灾后恢复重建总体规划》，并于11月7日以四川省人民政府名义正式印发实施。

12月8日，中国共产党四川省第十一届委员会第二次全体会议通过《中共四川省委关于推进九寨沟地震灾区科学重建绿色发展加快建设美丽新九寨的决定》，全力推进九寨沟地震灾区科学重建、绿色发展，加快建设美丽新九寨。

同日，四川省人民政府印发《"8·8"九寨沟地震灾后恢复重建5个专项实施方案》，给出生态环境修复保护、地质灾害防治、景区恢复提升和产业发展、基础设施和公共服务重建以及城乡住房恢复重建的时间表和路线图。

12月23日，中国共产党阿坝州第十一届委员会第四次全体会议做出《关于深入贯彻落实党的十九大和省委十一届二次全会精神加快推动九寨沟地震和茂县山体滑坡灾后恢复重建工作的决议》，号召全州广大干部群众继续弘扬伟大的长征精神和抗震救灾精神，自力更生、艰苦奋斗，奋力夺取灾后恢复重建的全面胜利，为早日建成"三区一中心"、实现各项工作走在全国民族自治州前列的目标而努力奋斗。

总体要求。以习近平新时代中国特色社会主义思想为统揽，深入贯彻党的十九大精神，全面落实四川省第十一次党代会决策部署，充分运用芦山地震灾后恢复重建的成功经验，紧扣灾区实际，针对受灾特点，坚持和发展"中央统筹指导、地方作为主体、灾区群众广泛参与"的灾后恢复重建新路，注重恢复重建与生态环境保护、旅游产业提档升级、脱贫攻坚和全面建成小康社会、民族文化传承、提升基础设施和公共服务水平相结合，突出生态环境保护修复、地质灾害防治、景区恢复提升和产业发展、基础设施和公共服务重建、城乡住房重建等重点，推进科学重建、绿色重建、人文重建、阳光重建，探索世界自然遗产抢救修复、恢复保护、发展提升的新模式，整体提升灾区经济发展水平，加快建设美丽、繁荣、和谐的新九寨。

重建的基本原则。坚持尊重自然、生态优先，以人为本、改善民生，底线思维、保证安全，因地制宜、科学重建，创新机制、强化保障。

重建的总体目标。力争用3年时间基本完成灾后恢复重建任务，显著增强作为世界休闲度假旅游目的地的吸引力，打造生态文明建设新样板，努力把灾区建成践行"绿水青山就是金山银山"重要思想、推进民族地区绿色发展脱贫奔康的典范，早日向世人重新展现九寨沟世界自然遗产的独特魅力，奋力夺取灾后恢复重建的全面胜利，灾区生产生活条件和经济社会发展全面恢复并超过震前水平，到2020年与全国同步实现全面建成小康社会的目标。

规划范围。将烈度7度及以上的极重灾区、重灾区和一般灾区纳入规划范围，包括阿坝州九寨沟县、若尔盖县、松潘县和绵阳市平武县等18个乡镇。

空间布局。根据资源环境承载能力评价，明确生态保护区、旅游产业集聚区、农牧业发展区和人口聚居区4类重建分区，提出"一核、两中心、三轴线、多点联动、整体提升"的功能布局，即以九寨沟风景名胜区和漳扎镇为核心，以南坪镇和川主寺镇—进安镇为中心，以九环线东线、九环线西线、若九路3条通道为轴线，拓展一批新景区、新景点，推动形成全域旅游格局，带动区域经济社会发展。

重点任务。针对受灾特点，结合灾区实际，突出生态环境修复保护、地质灾害防治、景区恢复提升和产业发展、基础设施和公共服务重建、城乡住房恢复重建5大重点任务。按照严格控制范围、规范调整规模、合理区分功能等原则，整合优化重建项目222个，估算总投资达118亿元。

一是把生态环境修复保护作为首要任务。统筹山水林田湖草系统治理，严守生态保护红线，尊重自然、顺应自然、保护自然，实行自然修复与人工治理相结合、生物措施与工程措施相结合，突出九寨沟世界自然遗产修复保护，加强森林、湿地等生态系统、水生态环境及生物多样性保护，切实改善城乡环境质量，最大限度地恢复灾区自然生态功能。

二是把地质灾害防治作为生命工程。坚持预防为主、分类施策、合理避让、重点整治，在地质灾害防治过程中统筹考虑生态环境与世界自然遗产保护，强化调查评价、监测预警、工程防治及应急能力建设为核心的综合防治，保护灾区群众和游客的生命财产安全。

三是推动以景区恢复提升为核心的旅游产业转型发展。结合景区资源环境承载能力评价，围绕保护世界自然遗产、建设世界重要旅游目的地，加快景区景点恢复提升，拓展旅游新业态，重构基于现代服务业的旅游产业体系，提升服务业水平，培育发展农牧业等特色优势产业，为灾区群众增收致富、脱贫奔康提供重要支撑。

四是优先恢复交通、水利、通信等基础设施和教育、医疗、文化等公共服务设施。改善提升设施条件，强化保障能力，构建综合立体交通体系，逐步完善基本公共服务体系，加强社会治理，提高公共服务水平，为灾区经济社会发展提供有力保障。

五是重点保障城乡住房等民生工程。结合新型城镇化、幸福美丽新村建设、藏区新居建设、避险搬迁、易地扶贫搬迁、农村危房改造等，统筹推进城乡住房重建，推广"小规模、组团式、微田园、生态化"建设模式，严格抗震设防标准和建设规范，合理布局，精心施工，让灾区群众住上安全、舒适、实用的房屋，完善市政功能和提升农村基础设施水平。

·规划执行与保障·

重建规划在实施中如何围绕既定目标进行，如何结合实际调整，如何按照规定时间完成，都必须依靠细化的措施进行保障。

建立领导组织机构。重建规划的实施需要党委、政府建立强有力的领导机构，统一组织、分工协同、整体推进。2008年8月13日，阿坝州委下发《关于调整阿坝州抗震救灾指挥部成员和成立灾后恢复重建指挥部的通知》，成立灾后恢复重建指挥部，指挥长为阿坝州委书记，第一指挥长为阿坝州委副书记、阿坝州长，副指挥长为阿坝州人大常委会主任等州级领导。指挥部设9办4处，即综合办公室、工业重建办公室、交通重建办公室、城乡重建办公室、生态恢复及环境保护办公室、物资资金监管办公室、社会事业重建办公室、农业重建办公室、旅游重建办公室，以及对口支援联络处、群众工作处、就业援助及社会保障处、宣传报道处。

"6·24"茂县叠溪特大山体滑坡灾后恢复重建组织实施中，阿坝州委、州政府成立"6·24"茂县叠溪特大山体滑坡灾后恢复重建工作领导小组，统筹指导灾后重建工作，研究协调解决重建实施中的重大问题，及时向四川省委、省政府报告有关情况。茂县是重建规划的实施主体，具体负责重建工作，细化项目实施方案，优化项目投资结构，制定年度工作计划，落实完善有关政策措施。

"8·8"九寨沟地震灾后重建工作中，明确由省重建委负责灾后重建工作的统一领导、统一组织、统筹协调和督促检查，省重建委各专项工作组负责指导协调各项重建任务实施。阿坝州和灾区各县县委、县政府承担主体责任，具体负责重建总体规划和各专项实施方案的组织实施。

强化监督检查。将重建工作纳入政府目标考核管理，严格监督项目建设进度、资金拨付进度、项目审计进度，严格项目、资金和质量监管责任，确保目标任务落到实处。加强重建资金、重要物资和项目跟踪管理，全过程跟踪审计，定期公布审计结果，确保专款专用。认真履行项目管理程序，严格执行项目法人责任制、招标投标制、合同管理制、工程监理制和竣工验收制。建立健全资金、项目和物资档案登记制度，全方位接受监督，确保阳光重建、廉洁重建。

及时调整规划。重建规划基本以 3 年为期，过程中往往需要进行调整。由于前期进度、重建效果和其他因素的影响，需对后期项目增减、投资重点转移、进度调整等方面进行必要的修改，以实事求是、科学高效的态度完成重建任务。

"5·12"重建规划中期调整

中期评估。尽管灾后恢复重建工作在紧锣密鼓地进行中，但也存在一些问题亟待解决。2009 年 11 月 11 日至 18 日，国家灾后恢复重建规划中期评估组入川，对汶川灾后恢复重建规划施行情况展开中期评估。对汶川灾后恢复重建规划的中期评估，由国家发改委委托中国国际工程咨询公司进行。评估重点为灾后重建总体规划和城乡住房建设、农村建设、公共服务设施建设、生产力布局和产业调整、防灾减灾、生态修复等 10 个专项规划的实施进展、政策落实和项目调整情况，规划实施的主要经验、存在的突出困难和问题，以及对下一阶段规划实施的意见和建议。

中期调整。2010 年 5 月，根据《四川省发展和改革委员会关于印发〈四川省汶川地震灾后恢复重建规划项目实施计划（中期调整本）〉的通知》，下达阿坝州（国定 7 个重灾县）汶川地震灾后恢复重建年度计划，对《四川省发展和改革委员会关于印发〈四川省汶川地震灾后恢复重建年度计划（修订本）〉的通知》的规划进行中期调整，阿坝州对各县年度计划进行分解细化，阿坝州灾后恢复重建项目由原来的 3010 个调整为 2485 个，项目估算总投资由原来的 719.67 亿元调整为 729.89 亿元。

调整后，分年度总体计划安排和分行业年度计划安排同时推进，本节主要叙述分年度总体计划安排。

2008—2009 年：完成估算投资 358.67 亿元，占灾后重建估算总投资的 49.14%，完工项目 908 个，占重建任务的 36.54%。

2010 年：完成估算投资 306.61 亿元，占灾后重建估算总投资的 42.01%，完工项目 1384 个，占重建任务的 55.69%。

2010 年以后：完成估算投资 64.61 亿元，占灾后重建估算总投资的 8.85%，完工项目 193 个，占重建任务的 7.77%，全面完成重建任务。

"8·8"九寨沟地震灾后重建进度

时间节点。2017 年年底，完成城乡住房维修加固和交通（不含景区）、通信、电力等受损基础设施及公共服务设施恢复；2018 年汛期前，基本完成地质灾害排查和应急处置，年底前完成城乡住房重建，全面开工学校、医院、文化等公共服务设施重建；2019 年，基本完成重点区域地质灾害治理，全面完成公共服务设施重建；2020 年，基本完成重点区域生态环境修复。在安全评估的基础上力争早日实现景区开放。

阶段推进。截至 2018 年 3 月，规划内 204 个项目已完工 7 个，其余 197 个项目（含 13 个续建项目）计划年内分 4 个时间节点梯次开工，计划完成投资 43.47 亿元，占规划总投资的 37.15%；计划完工项目 94 个，占规划项目的 46.07%。

九寨沟县第二人民医院（国际旅游应急医疗保障中心）、九寨沟县人民医院恢复重建等 34 个项目已完成招投标，G544 线松潘县川主寺至九寨沟县城段、九寨沟景区 89 处地质灾害治理工程等 14 个项目正在挂网招标，松潘县中藏医院（松潘县川主寺镇急救中心）建设等 15 个项目准备挂网招标；按照 2018 年 4 月 1 日前开工的要求，预计完成招投标项目 61 个。

全面完成九寨沟景区树正沟崩塌应急排危和火花海被动网安装工程，完成 16 处先期抢险救灾项目主体工程，于 2018 年 3 月 8 日顺利开放沟口至长海段的观光区域。截至目前,累计接待国内外游客22188人次,并确定了3月区域开园,5月进一步扩大开园区域,9月底深度拓展开园范围,逐步对九寨沟景区进行开放的思路。

九寨沟县农房维修加固已全面完成;松潘县已基本完成2399户受损农房主体维修加固,未完工部分于6月前全面完成;若尔盖县完成699户受损农房评估认定,6户损坏相对严重的房屋已完成维修加固,切实保证灾区群众能温暖过冬。

·结对援建现大爱·

一方有难、八方支援是中华民族的传统美德。"5·12"汶川特大地震发生后,按照中央"一省帮一重灾县"的原则,广东、湖南、山西、吉林、安徽、江西分别对口援建汶川、理县、茂县、黑水、松潘、小金县。中共四川省委确定遂宁市、眉山市分别援建金川县、九寨沟县的一个乡。通过各对口援建地的倾力支持和无私援助,灾区县生产生活条件得到极大恢复提升,实现家家有房住、村村通道路、户户有就业、人人有保障,灾区面貌发生了脱胎换骨、翻天覆地的变化。

香港援建的映卧路

珠江岷江永相连

2008年6月,中共中央、国务院明确广东省对口支援汶川县灾后恢复重建,广东省委、省政府迅速部署,举全省之力全面启动对口援建工作。6月14日,中共中央政治局委员、广东省委书记汪洋主持召开省委常委会议,研究部署广东省对口支援汶川县恢复重建工作。7月24日,广东省委、省政府召开全省对口支援地震灾区灾后恢复重建工作会议。8月7日,广东省第一批58名援川干部肩负重托,辗转进入汶川县,与英雄的汶川人民一起,艰难地开始对口援建。一场地震,让相隔数千里的广东省与汶川县结为兄弟。

成立广东省对口支援四川省汶川县恢复重建工作组。对口支援工作优先解决灾区群众基本生活问题,具体内容包括提供规划编制、建筑设计、专家咨询、工程建设和监理等服务。援建资金通过政府投入、社会募集、市场运作等形式筹措,省级财政和对口支援市财政设立对口支援专项资金。

广东对口援建累计实施重建项目503个,总投资达233.56亿元。其中,投资34.54亿元实施重建农房21690户,有效解决75916名群众的住房问题;投资4.19亿元新建各类学校22所,解决了1.7万余名学生的就学问题;投资3.28亿元新建医疗机构15所,新增床位137个,解决了10万余名群众的就医问题;投资6.82亿元新建各类道路600余公里,解决了10万余名群众的出行难问题;投资7111万元新建各类水利设施278个,有效地解决了5.88万名群众的安全饮水问题。

广东援建坚持"输血"与"造血"并重,把广东的市场优势、产业优势、人才优势与汶川县的资源优势、特色优势结合起来,培育发展当地特色产业,增强灾区的"造血"功能。投资3000万元建成的威州镇建材、农贸批发市场,吸引了国内众多的建材企业入驻威州,既解决了灾区建设的需要,又发展了当地经济,同时培养了一批懂市场、善经营的管理人才。安排了4亿元援建资金在成都建设"广东—汶川工业园",突破了汶川发展工业受土地制约的瓶颈,同时以工业园区为平台,鼓励广东企业到灾区投资创业,以"走出去、请进来"的方式,推动粤汶、港汶经贸合作。

如今，灿烂的阳光洒满汶川县城，街道两旁的微黄建筑、沿街独具羌民族特色的路标被映衬得格外耀眼。在汶川生活了快40年的明大爷对"现代羌城"赞不绝口："原来的汶川不见了，哪里还看得出地震的痕迹？"和当地老百姓一样喜笑颜开的还有广东援建工作者们，"广东援建没有辜负党中央的嘱托，没有辜负灾区人民的殷切期望"。

茂县——山西的"第120个县"

四川省阿坝州有一个依山傍水的地方——茂县，是全国羌族的核心聚居地。茂县在"5·12"汶川大地震中受灾非常严重，4000余人遇难，8000余人受伤，百余人失踪，13万间房屋倒塌，水、电、路、通信等基础设施全部瘫痪，直接经济损失达200多亿元。

根据党中央、国务院"一省帮一重灾县"的统一部署，山西省委、省政府提出，要把茂县作为山西的"第120个县"，举全省之力、聚全省之智，与茂县各族干部群众携手并肩、奋力拼搏、攻坚克难。山西全省上下迅速行动。2008年7月，山西省委、省政府在省发改委成立援建办公室，同时在茂县设立山西省援建前线指挥部，仅用两年多的时间就把茂县建设成为"废墟上崛起的新羌城"。2010年12月26日，山西省委、省政府在茂县举行对口援建项目竣工交付仪式，向茂县交付226个竣工项目的"金钥匙"，完成援建任务。工程质量、援建理念、管理方式、软件支援、长效机制、晋茂关系等得到中共中央、国家部委、四川省等各级领导的表扬和新闻媒体、茂县当地群众的好评。

在山西对口援建中，先后建成包括农村住房、城镇居民住房、通乡道路、教育基础设施、卫生基础设施、城镇基础设施、农村基础设施、广播电视、羌族博物馆、工业经济园区10大类、226个民生项目，投资总额达21.62亿元。其中，投资3984万元实施重建农房14348户，有效解决了群众的住房问题；投资35022万元新建各类学校9所，解决了6830名学生的就学问题；投资20286万元新建医疗机构7所，新增床位260个，解决了群众的就医问题；投资78190万元新建各类道路80.17

公里，解决了群众的出行难问题；投资 20000 万元新建工业园区 5 个；投资 4901 万元新建 149 个村和 3 个居委会综合文化服务中心。

　　10 年过去了，汶川特大地震 39 个重灾县（市、区）地区生产总值（GDP）按可比价格计算，年均增长达 11.8%，比四川全省年均增速高 0.8 个百分点。其中，由山西对口援建的茂县年均增速最快，年均增长达 15.6%。茂县人民群众早已从地震阴影中走出来，灾区面貌发生了翻天覆地的变化，灾区发展取得了日新月异的成就，灾区人民过上了幸福安康的新生活，基本实现了"物质生活充实富裕、精神生活幸福满足"的目标。

湘理乡亲织出田园欢歌

　　静静流淌的杂谷脑河上，三湘大道和潇湘大桥如长虹卧波，贯通杂谷脑城南北，将理县县城新老街区连为一体，使理县城区面积由原来的 0.84 平方公里扩大到 1.72 平方公里。崭新的理县中学内，同学们在校园中学习，灿烂的笑声飞出校园，传向远方。理县人民医院，这座集医疗、预防、保健、康复、教学、科研于一体的现代化大型二级综合医院，挽救了许多垂危的生命。

　　汶川地震后，灾区百废待兴。国务院安排湖南省对口支援理县灾后重建。湖南省委、省政府迅速响应，先后召开省委常委会议、省委常委扩大会议和省政府常务会议专题研究部署。湖南省对口支援理县灾后重建工作领导小组 4 次召开全体会议，研究解决援建工作中的重大问题。围绕理县提出的"依托一条藏羌文化走廊，构建三大产业基地"的发展战略，根据理县灾后重建及长远发展实际，湖南省确定了从民生恢复到产业建设、从基础设施到智力支撑、从生态保护到文化旅游、从立足当前恢复到着眼长远发展等 9 大类对口援建项目。

　　在海拔 3000 多米的高原峡谷中，湖南援建工作队走遍了理县的 13 个乡镇 81 个村。从 2008 年 6 月下旬启动援建工作至 2010 年 9 月 30 日完成援建任务，帮助理县受灾的 6952 户房屋损毁户和 3318 户危房户全部喜迁新居，湖南援建工作受到一致好评。对口援建项目99个，安排资金20.39亿元。其中，投资14550万元成立"理县产业发展基金"；投资20921万元新建各类学校14所，解决了4843名学生的就学问题；投资14199万元新建医疗机构9所，新增床位240个，解决了4.5万名群众的就医问题；投资42383万元新建理小路、通村公路等各类道路50条、430公里，解决了3.5万名群众的出行难问题；投资5000万元新建81个村的"三湘情"安全饮水灌溉工程，有效解决了3.5万名群众的安全饮水问题，近4万亩土地得到有效灌溉；投资22976万元实施桃坪羌寨、甘堡藏寨建设项目2个，有效助推理县全域旅游发展。投资30885万元新建福利中心、文体中心、商贸中心、村级活动中心等公共服务设施项目12个，有效提升了理县的公共服务能力；投资12662万元新建特色农产品示范点、下孟工业集中区、县城绿色工业集中区产业项目3个，有效助推理县产业结构调整；投资29225万元新建三湘大道、变电站等城乡基础设施项目7个，群众生产生活条件得到大幅改善。

皖美松潘　共筑奔康伟业

"5·12"汶川大地震后，安徽三千援建大军驰援松潘，千年古城，百废待兴。安徽省委、省政府举全省之力，将松潘作为安徽"第62个县"予以全力支援。安徽对口支援松潘定位于提升型建设、跨越式发展，按照打造松潘国际旅游胜地的目标，依据科学重建、民生为先、发展至上、合作共建的原则，安排应急民生、基础设施和人才智力援建等，累计投入援建资金21.3亿元。

2010年9月28日，在全面开工500余天、有效工期不到400天的时间内，经皖、川两地通力合作，克服自然环境恶劣、物质技术保障困难等艰难险阻，如期实现中央提出的"灾区经济社会发展和群众生活水平超过灾前"的援建目标。2011年5月10日，松潘县城新区人民广场举行安徽对口支援松潘县灾后恢复重建项目移交。

松潘县实施重建项目46个，安排资金21.3亿元。其中，实施重建农房 2647 户，有效解决了 54670 名群众的住房问题；投资 26800 万元新建各类学校 3 所，改扩建学校 29 所，解决了 9000 名学生的就学问题；投资 14780 万元新建医疗机构 28 所，新增床位 154 个，解决了 76000 名群众的就医问题；投资 71976 万元新建各类道路 107.16 公里，解决了群众的出行难问题；投资 25492 万元新建水利设施 7 个，有效解决了 30937 名群众的安全饮水问题。

松潘县人民为了感谢安徽亲人对松潘县的地震灾后援建，从 2011 年起，将每年 5 月 10 日设为"松潘县安徽日"，举办纪念活动，将皖松人民的深厚情谊更好地传承下去。10 年过去了，投入 7 亿元的现代化新城成为松潘县新的标志；投入 3.5 亿元改扩建的川黄公路让天堑变通途；投入 3 亿元改造提升的川主寺镇成为川西北的高原明珠。这些工程将松潘县经济社会发展向前推进了至少 20 年。

白山黑水总是情

大爱跨越白山松水，真情倾洒雪域高原。"5·12"汶川大地震肆虐天府之国，黑水县受灾严重。党中央、国务院确定吉林省对口援建黑水县。吉林省委、省政府立即召开常委会和全省动员大会，响亮提出"举全省之力做好对口援建工作"；同时，成立了由吉林省政府主要领导和 30 多个省直有关部门、9 个市州政府主要领导组成的援建工作领导小组，并紧锣密鼓地展开了援建前期工作。

两年间，吉林省委、省政府高度重视、精心组织、周密部署，援建人员怀着对黑水灾区人民的大爱深情，风雨无阻、昼夜兼程，全力以赴地进行援建攻坚战。

黑水县实施重建项目 244 个，总投资 45.54 亿元，吉林对口援建大项目 37 个，安排资金 13.79 亿元。其中，投资 11452 万元实施重建农房 4979 户，有效解决了 1247 名群众的住房问题；投资 2847 万元新建各类学校 2 所，解决了 457 名学生的就学问题；投资 2440 万元新建医疗机构 1 所，新增床位 168 个，解决了 6 万余名群众的就医问题；投资 66079

万元新建各类道路546.9公里,解决了6万余名群众的出行难问题;投资3226万元新建各类水利设施85个,有效解决了4.71万名群众的安全饮水问题;投资31506万元新建市政基础设施8个;投资3655万元新建公共服务设施6个。

在吉林对口支援下,黑水县的变化令人瞩目,无论是色尔古藏寨的乡村旅游,还是罗坝街村围绕农业产业结构调整发展建立"龙头企业+专业合作组织+农户"的经营机制和沟域经济"六大产业"新模式,走进黑水,便可以真切感受纯朴的原生态,街头处处飘扬中国红,感恩奋进之情已融入黑水人的精神世界,黑水人民充分享受着吉林援建的丰硕成果,并扬鞭奋进唱出新时代幸福歌。

江西与小金　再续红色情缘

1934年,中国工农红军中央红军主力从江西出发,跋山涉水,翻越大雪山夹金山,转战小金,把江西和小金的印记一同嵌进了"地球的红飘带"。"5·12"汶川地震发生后,4600万江西儿女与四川阿坝的8万小金县人民走到了一起,携手重建家园。巨大天灾又一次将这两个有着光荣革命传统的地方紧紧联系在一起,来自江西的援建人员带着赣鄱儿女的大爱,再次翻越夹金山来到小金县。

援建过程中,援建人员随时随地面临着生命危险。地震后,由于山体松动,塌方、泥石流时有发生,援建人员遇到各类险情,数次与死神擦肩而过。尽管如此,江西援建者没有丝毫退缩和畏惧,发扬特别能吃苦、特别能战斗、特别能奉献的援建精神,同心协力、排难而进,经过浴血奋战,提前实现了"三年援建任务两年基本完成"的目标,创造了令人赞誉的"江西小金速度"和"江西小金质量",援建的"十大示范工程"全部获评四川省或交通部优良工程奖。

小金县实施重建项目294个,总投资46.39亿元,江西对口实施援建大项目50个,安排资金13.4亿元。其中,实施重建农房7809户,有效解决了10078名群众的住房问题;投资5400万元新建各类学校5

所，解决了1600名学生的就学问题；投资12460万元新建医疗机构20所，新增床位161个，解决了8.2万名群众的就医问题；投资10980万元新建各类道路141.11公里，解决了1.3万名群众的出行难问题；投资11.52亿元新建各类水利设施1783个，有效解决了2.42万名群众的安全饮水问题。

如今的小金，已经走出了地震的伤痛。2017年，小金实现国内生产总值15.46亿元，是2007年的3.34倍；实现工业增加值5.24亿元，是2007年的12.5倍；城乡居民人均可支配收入为29705元和11657元，分别是2007年的3.15倍和5.42倍；接待游客121.29万人次，旅游总收入8.35亿元，分别是2007年的4.8倍和5.4倍。今天，小金县各项事业全面振兴发展，人民生活更加幸福。

九寨沟的眉山力量

自四川省政府召开汶川特大地震灾后对口支援工作会议后，眉山市迅速做出部署，成立了眉山市对口支援九寨沟县草地乡地震灾后恢复重建工作领导小组。按照"三年规划，两年完成"的要求，在2009年年底前完成了对口援建任务，全额援建项目4个，安排资金869.47万元。

2008年7月3日，首批规划建设技术人员前往草地乡，对农房修复、重建等进行技术指导。从防洪堤到排污管，从广场到路灯、绿化带，草地乡整体重建全面展开。

不到一年时间，草地乡241户受灾农户农房改造提前完工，乡卫生院维修加固工程竣工，下草地村3000米排污系统改造工程投入使用，老百姓生活环境"变"了，学校医院条件"好"了，经济发展步伐"快"了。

九寨沟实施灾后恢复重建大项目9类，总投资29.7亿元（包括中央灾后重建资金8.94亿元）。其中，投资3530万元实施重建农房2053户，有效解决了10265名群众的住房问题；投资21372万元新建各类学校22所，解决了14560名学生的就学问题；投资5972万元新建医疗机构23所，新增床位369个，解决了64530名群众的就医问题；投资58640万元新建各类道路264.57公里，解决了64530名群众的出行难问题；投资4687万元新建各类水利设施3个，有效解决了20126名群众的安全饮水问题。

2017年8月8日21时19分，四川九寨沟7.0级地震发生后，眉山市地震应急救援队于当晚11时赶赴地震灾区，支援和协助九寨沟做好抗震救灾工作。在九寨沟灾区，眉山市地震应急救援队与其他救援队伍一起，积极配合当地党政部门、武警特警、消防官兵等，主要开展医疗救助、心理辅导、秩序维护、疏散群众、转移游客等任务，解救受灾群众10余人，帮助转移游客2万余人，圆满完成了在九寨沟灾区的救援任务，再次献上"眉山力量"。

遂宁市九方面援助金川"安宁"

2018年6月18日，按照"一个市（州）支援一个重灾乡镇"的原则，四川省委、省政府确定遂宁市对口支援阿坝州金川县安宁乡灾后重建。次日，遂宁市委、市政府致函阿坝州，主动衔接相关事宜，成立市对口支援领导小组。6月23日，遂宁市委书记崔保华带领市级部门到安宁乡研究支援对接工作。随后，遂宁先后4次召开专题会议，研究部署支援安宁乡灾后重建工作。提出既要雪中送炭又要长效帮扶，着力从人力、智力、物力、财力等多方面全力支援。为了做好对口支援工作，遂宁还专门落实1名市级领导常驻安宁乡，担任对口支援工作前线总指挥。

经过双方多次的项目对接，确定了总投资2130万元的援建目标，包括投资1130万元的9个对口援建项目和投资1000万元的智力和技术援建项目。

截至2010年12月底，9个援建项目全部竣工，完工率达100%。末末扎大桥灾后恢复重建工程解决了1000人的通行难问题；PIC父母代生猪引进项目为灾后重建产业恢复发展奠定了坚实的基础；安宁集镇规划为科学重建绘就了蓝图；安宁中学寄宿制学生宿舍灾后重建工程解决了500余名学生住宿难的问题；安宁中心卫生院综合业务用房重建工程解决了群众就医难和住院难的问题；安宁御碑维修改造项目支持了文化恢复重建；安宁集镇供水工程解决了5000人的饮水困难问题。地区经济发展基础得到夯实。

遂宁市委、市政府在全力做好援建项目的同时，逐步变"输血"为"造血"，积极给予技术和智力方面的支援。派出40名干警和15名教师骨干到金川支警、支教；派出4名建设局和设计院骨干到金川指导规划局相关工作；安排6名金川县医务人员到遂宁市人民医院学习进修，接收49名高中新生赴遂宁市中学就读；深入开展"白内障复明行动"，免费为符合条件的48名白内障患者实施手术；协助完成了15个牧民定居点规划设计和指导工作。

援建工作人员务实的工作作风、无私的援建精神，受到阿坝州人民的好评，阿坝州委、州政府先后5次送锦旗对援建工作表示感谢。遂宁市援建人员中10余人次受到省、州、县级表彰，对口支援办被阿坝州委、州政府评为"对口支援先进集体"。

阳光下的重建

汶川地震灾后重建是阿坝州开展的第一次大规模重建，项目多、时间紧、任务重。为保证重建工作的廉洁、高效，阿坝州制定了《灾后重建和扩大内需项目资金清理整改方案》《工程建设领域突出问题专项治理工作实施方案》等，在灾后恢复重建组织领导、总体要求、主要任务和阶段性目标、项目资金管理使用、建筑市场行为和行政行为规范、全面落实工程建设质量和安全责任制等方面，搭建监管的制度框架，做出了明确部署和具体要求，在重建过程中形成了灾后监督检查的"阿坝模式"，并在随后几次大的重建工作中不断完善，形成了一套行之有效的监督保障机制，确保重建全过程在阳光下进行。

·公开公示同监管·

强化公示公开，开展多种形式的监督检查，主动接受社会和群众监督，实现重建项目、资金的透明运行。

在"5·12"地震灾区农房重建和维修中进一步加强民主评议及公示工作

一、加强对农房重建维修评议和公示的监督检查

为确保灾区农房重建和维修工作做到实事求是、全面客观、真实准确以及公正公平、公开透明，各县纪委监察局要切实加强对农房重建维修评议公示工作的督促检查，组织发改委、民政、财政、建设等部门对辖区内各乡镇、村组的民主评议和公示工作进行一次督查，并加大监督检查力度。

二、农房重建维修评议和公示的组织形式、方法和程序

（一）重建维修评议的组织形式

农房重建维修评议以村委会为单位。村委会成立重建维修评议小组，负责确定重建维修对象，提出评议意见和结论，并以重建维修评议小组评议和群众民主评议相结合的形式进行。重建维修评议小组由村民代表会议推荐产生，一般应由村干部、老党员、群众代表、本村技术工匠、县规划建设部门技术人员、地震部门技术人员和州、县、乡驻村干部组成，人数以11～15人之间为宜。评议小组成员民主推荐产生一名召集人。

（二）重建维修评议的方法和程序

（1）由受灾家庭提出重建维修申请；（2）村重建维修评议小组在入户调查核实的基础上，结合受灾户住房损失程度和灾前家庭收入状况，对申报家庭逐个进行评议表决，经三分之二成员同意后，提交村民代表会议讨论；（3）经村民代表会议与会人员三分之二表决通过，在村组内进行张榜公布无异议后，由村委会上报乡镇政府；（4）乡镇政府要对各村上报的重建维修户进行严格审查，并按不低于30%的比例进行抽查，对初审符合条件的进行张榜公布，并上报县民政局；（5）县民政局审批后，各乡镇、村再次将审批结果进行张榜公布，接受广大群众的监督。

三、加强对重建维修评议和公示工作中弄虚作假案件的查处

保障群众信访举报渠道畅通，在乡镇政府和村委会设立举报箱并公布举报电话，按程序迅速处理各信访举报案件。

加大案件查处力度，对优亲厚友、弄虚作假、暗箱操作、违反评议程序、不坚持标准随意放宽政策，造成评议结果失真的违纪违规行为，要严肃追究相关人员和领导的责任。对社会影响较大的违法违纪行为或典型案例，要在一定范围内进行通报或在媒体上公开曝光。

从救灾物资发放到灾后重建项目确定，让群众参与到决策和监督之中，发挥群众主体作用。在重建过程中，对群众关心的一些热点问题，如补助资金发放、房屋重建政策、公共设施重建等，利用电视台、报纸、网络等平台进行公开，既让群众明白政策，又让群众参与监督。为加快建设进度，阿坝州对项目实施内容、责任人、完成时间和实际进度等全面公示，重建项目及进度一目了然，给责任人、管理者一定的工作压力，从而共同形成加快推进重建的合力。

阿坝州扩大重建监督员覆盖面

阿坝州在"5·12"抢险救灾期间，特邀51名人大代表、政协委员、特邀监察员和75名公开聘请的社会监督员在灾区进行巡察暗访。恢复重建启动后，继续邀请人大代表、政协委员、特邀监察员35名以及抽派州级机关副县级干部373名进驻重灾村，参与监督项目建设；公开聘请社会监督员，以机关干部、社会实践大学生和退休干部等为代表的897名社会监督员深入灾区，监督抗震救灾款物的筹集、拨付、发放和使用情况，深入重建项目工地和城镇乡村，现场监督工程实施、工程质量，监督各项惠民政策、措施的落实情况。社会监督员们就像一盏盏探照灯，成为监督救灾款物、灾后重建项目的"第三只眼"。

为保障广大群众反映问题渠道的畅通，全州按照州、县、乡、村四级在第一时间将举报箱设置在每个村和群众安置点，公布举报电话，必要时设立现场投诉点。在物资发放、重建政策兑现等阶段，公开监督渠道十分必要，可以有效杜绝群众负面情绪的积累，将矛盾化解在萌芽状态。对各级干部也是一种威慑，时刻警醒自己处于监督之下。

茂县灾后重建项目推进向全县人民"报账"会议

2009年3月26日，茂县召开第一次"报账"会议，听取25个部门汇报194个灾后恢复重建项目和49个方面的工作推进情况。会上邀请4名群众和离退休干部代表参与监督，并对"报账"会议进行全程摄像后在茂县电视台滚动播出，接受全县人民的监督。

阿坝州开拓"三平台一机制"的群众工作新途径

为进一步深化群众工作，阿坝州委积极搭建党委政府工作、党员干部作风的监督平台，创新干部评价机制，在阿坝日报、阿坝电视台、政府门户网等新闻媒体开办"阿坝民声"栏目，接受群众来信来电来访，公开公示问题处理，有效解决群众诉求，进一步密切党群干群关系。

要让广大群众和干部参与到重建监督之中，必须对相关政策进行解释说明，才能有依据、有目标地开展监督工作。加大重建政策的宣传力度，并通过直观的方式让大家看得懂、记得住。阿坝州在具体工作中将一些工作流程简化、细化，特别是救灾款物发放、工程项目建设、资金管理等社会关注的问题，制定规范、明了的流程图，给群众发放"明白卡"，实现权力按流程运行，群众按节点监督。

·机制管出高效·

为了让灾后重建项目和资金都在阳光透明的制度轨道上运行，阿坝州抓住财政专项资金、招投标、政府采购、国有企业采购、干部交流等重点工作，进一步健全完善规章制度，推进重建监管工作制度化、法制化。

规范项目建设基本流程和项目资金公开公示

紧紧围绕灾后恢复重建的重点领域、关键部位和薄弱环节，并结合阿坝州实际，创新思维、创新举措、建章立制，增强了规范性。建立健全从源头上治理腐败的规章制度，相继出台《阿坝州公共资源交易管理暂行办法》《阿坝州加强扩大内需灾后重建工程项目建设管理的几项规定》《灾后恢复重建政府投资交通项目实行代建制管理的试行意见》《阿坝州重点项目建设效能监察实施办法》等系列规章制度；建立健全规范权力运行的规章制度，先后编制了《扩大内需灾后重建招标投标有关法律法规政策选编》《工程建设流程操作手册》；建立健全公开公示的规章制度，编制了《阿坝州地震灾后恢复重建资金管理办法》《财政专项资金公示范围的规定》以及实行工程建设"报账会"制等意见和办法。

阿坝州成立公共资源交易中心

为确保项目资金安全，加快推进项目招投标工作，发挥灾后重建资金最大效益，阿坝州委、州政府果断决策，于2009年7月26日组建了全国第一家板房公共资源交易中心，进一步整合工程交易中心、土地矿权交易中心、政府采购中心和国有产权出让中心资源，实行招监委、招管办和招监办、交易中心的"一委两办一中心"管理模式，设立政府投资自行招标机构，全州200万元以上的工程建设项目、50万元以上的政府采购项目全部纳入交易中心公开招投标管理。该中心的成立加快了阿坝州扩大内需灾后重建工程的项目建设，构建了工程招投标和政策采购新流程，实现了工程建设项目依法阳光、高效廉洁运行，实现了任何领导干部都无法插手干预工程招投标和政府采购的预定目标。

在"5·12"重建过程中，如何管理庞大的项目和项目资金，按期完成重建任务，成为中央下达的一道"考题"。阿坝州围绕群众关注的项目和资金管理、招投标和建设质量等关键环节，从制度创新入手，在项目审批上成立公共资源交易中心，进行集中审理；在建材供应上，以县为单位进行集中定点限价采购；在重大项目推进上，实行"代建制"，通过招投标确定大企业帮助管理项目；在项目资金拨付上，严格拨付进度和依据，控制资金拨付比例。在后来的重建中，这些制度不断调整完善并汇编成册，成为系统的制度保障。

阿坝州开展灾后重建项目全面"体检"

2009年12月至2010年3月底，阿坝州以项目决策、审批、土地使用、规划许可、公示公开、招投标、工程质量和监管职责8个方面为重点排查内容，对2008年以来所有的工程项目进行"大清理、大整改、大规范"。各县用1个月时间自查自纠后，州扩建监办抽调纪检、发改、财政等部门组成5个检查小组，历时24天，对全州4020个灾后恢复重建项目（含子项目）及资金进行拉网式排查，及时纠正各类问题108个，指导、督促各县各项目实施单位进一步建立健全项目台账，完善项目档案资料，利用禁工期抓好开工复工准备。

九寨沟灾后重建，未来3年对全部资金和重点项目全过程跟踪审计

四川省出台《四川省"8·8"九寨沟地震灾后恢复重建审计工作方案》，未来3年，审计部门对全部重建资金和重点项目实施全过程跟踪审计，保障灾后恢复重建顺利推进和总体目标按期实现。

审计的重点包括4个方面。一是规划执行及阶段目标完成情况。重点检查是否按照总体规划和专项实施方案的要求，及时编制细化项目实施方案、下达项目年度投资计划，快速启动建设项目；二是政策措施落实情况，重点检查财政、税收、金融、土地、生态修复保护、城乡住房

重建、基础设施重建等政策措施执行是否到位；三是资金筹集和管理使用情况，重点检查中央、省和市（州）、县级资金下达是否及时，各项资金是否按照有关规定管理使用；四是工程建设管理情况，对社会关注度高和关系灾后恢复重建全局的代表性建设项目实施全过程跟踪审计，包括重建进度、建设程序、资金管理、项目质量和环境保护等。

灾后重建审计监督工作由审计厅统一安排部署。省厅、市（州）、受灾县审计局按照分工组织对本级灾后重建政策落实、资金和重点项目开展审计监督。审计对象包括阿坝州、绵阳市及有关受灾县人民政府，省、市（州）、县3级发改、财政、住建、国土等相关部门，以及涉及的恢复重建项目建设单位。

"5·12"灾后重建涉及2876个项目、746.73亿元资金，监督检查成为一项繁重而必要的工作。阿坝州一是整合各方面监督资源，确保监督不失位、不缺位；二是创新监督方式方法，提前介入、全程监督、动态监管，确保问题早发现、早纠正、早处理。在不断改进监督检查方式中，做到全面检查与专项检查、重点检查与部分抽查相结合，做到项目实施到哪里，监督检查就延伸到哪里。全州2.3万名干部职工，在抗震救灾和灾后重建中，因行政不作为、乱作为等受到党纪政纪处分和组织处理的共计65人次，占干部职工总数的0.03%，其中科级干部28人，占0.01%；县处级干部11人，占0.005%。实践证明，阿坝州干部是忠诚、可靠的。

·铁腕执纪追责·

为从源头上预防和治理腐败行为，阿坝州充实反腐败协调小组成员，形成《州委反腐败协调领导小组工作职责和议事规则》《州委反腐败协调领导小组案件协调暂行办法》等制度，明确工作职责、健全工作机制、规范工作流程，整合纪检监察、法院、检察院、公安、财政、审计等部门力量，形成查办案件的整体合力和信息资源共享机制。

阿坝州加大对招投标中违纪违法行为的查处

2009年11月，阿坝州纪委监察、交通、公安等部门组成联合调查组，对中国西部建设集团代建茂绵公路、都映公路、黄土梁隧道3个工程总额达12余亿元的工程的代建权进行了调查，最终查明该家公司属非法虚假代建，立即终止了其代建权，没收了该公司收受的代建费100余万元，消除了因无资质代建而造成工程建设重大损失的隐患。

2010年1月，阿坝州纪委监察局和阿坝县纪委监察局严肃查处了阿坝县茸安路工程建设中存在的拆分项目、规避招投标等违纪违规行为，两名分管副县长以及发改、交通、建设等部门领导分别受到了纪律处分和组织处理。

加大群众关注的灾后重建政策兑现、拆迁补偿、异地安置、土地征用等方面问题的排查力度，加大违纪违法线索初核初查力度。在注重预防、保护干部的同时，不放松对极少数违规违纪干部的严肃查处，对信访举报件认真逐一核实、快速办理，做到件件有着落，事事有回音。重点查办领导机关和领导干部违规干预招投标等违纪违法案件，严肃查处中介代理机构违法违纪行为，及时通报典型案件，在全州营造出科学重建、依法重建、阳光重建、廉洁重建的良好氛围。

九寨沟县纪委关于进一步严肃"8·8"九寨沟地震灾后恢复重建工作纪律的通知

为严肃"8·8"九寨沟地震灾后恢复重建工作纪律，实现"阳光重建、廉洁重建"的工作目标，确保全县各项重建工作有序、务实、高效推进，九寨沟县纪委发布有关工作纪律通知：

一、进一步严肃政治纪律

各单位要坚决执行县委、县政府的各项决策部署，树立恢复重建大局意识，坚决服从县灾后恢复重建委员会和作战指挥部的统一调度指挥，坚持有令必行、有禁必止，杜绝敷衍塞责、推诿扯皮，严禁擅自离岗、失职渎职，严禁阳奉阴违、应付了事。

二、进一步严肃廉洁纪律

各单位要坚持深入一线，切实抓好恢复重建项目建设。在恢复重建项目实施过程中，严禁领导干部违规插手项目建设，严禁"吃拿卡要"、利益寻租、收受红包，严禁优亲厚友、虚报冒领、截留克扣、挤占挪用、贪污私分、受贿行贿等行为。

三、进一步严肃工作纪律

各单位要有责任担当意识，勇于作为、敢于担当，全力以赴、履职尽责。严禁在恢复重建工作中临危退缩、擅自职守、推诿扯皮，要始终坚守岗位、尽职尽责，严禁迟到早退、离岗脱岗。

四、进一步严肃群众纪律

各单位要把恢复重建工作放在第一位，全心全意为人民服务，践行"一线工作法"，坚持第一时间了解群众诉求，第一时间解决群众困难，第一时间化解群众矛盾，确保群众诉求件件有回音，事事有着落，决不允许出现群众工作走过场、搞形式等行为。

县纪委将进一步加大对工作纪律的执纪监督力度，通过专项督查、明察暗访、受理举报等方式，对违反相关规定的，发现一起、查处一起，并严肃处理；对工作推进不力、造成不良影响和严重后果的，将严肃追究主体责任、监督责任，严肃追究领导责任，切实加大执纪监督的实效性、震慑力。

在灾后重建过程中，把落实主体责任、督促问题整改作为监督检查的重要内容。采取"发点球"方式反馈，规定各责任主体限时制定整改措施，加大整改力度。通过签订整改承诺书明确责任，将整改责任落实到各县各部门、落实到人头，确保问题及时整改到位。实行包县制和回访制，阿坝州纪委常委带领州级相关部门业务骨干，以巡查方式督促问题整改，最大限度地避免同类问题的再次发生。通过实行分片区督查、州县主管部门分线督查、驻县督导全面检查等方式，做到点、线、面结合，检查、整改、回访相贯通的督查机制，使检查出的各种问题得到及时、有效的整改。

从"5·12"到"8·8"——阿坝州重(特)大地质灾害应对启示

重建铺就奔康路

"5·12"汶川地震灾后重建，使阿坝州与震前相比完全变了样，许多地方全面超过震前水平。城乡居民有了崭新的住房、医院，学生有了崭新的学校，公共服务设施、交通和通信等基础设施得到极大改善；工农业生产得到恢复，产业结构和布局得到重大调整；旅游、文化遗产与文物保护、生态建设、市场服务体系、金融服务等方面也都得到较快发展。通过重建，灾区人民的生活水平得到了很大提高，极大地改善了经济发展环境，内生动力显著增强，促进了全州经济社会加速发展。十年过去了，曾经山河破碎的地震灾区已旧貌换新颜，发生了脱胎换骨的变化，浴火重生的家园，正汇聚升腾起新的希望。

九寨沟县百合种植园

·产业结构显特色·

农牧业走向现代。2017年,全州粮食播面77.3万亩,总产16万吨,特色种植83.6万亩,总产162万吨,中藏药材种植14.2万亩;出栏畜禽264.5万头(只),总产肉奶21.6万吨。建成1个国家GAP基地、1个国家农业标准化基地、5个万亩现代农业示范区、76个经作产业核心示范基地、14个休闲农业示范基地,新建牦牛标准化养殖场150余个。主要农作物良种化率达90%以上,耕种收综合机械化率达35%。"三品一标"认证产品达116个,绿色有机食品原料基地近10万亩,全州13县(市)获无公害农产品产地整体认证。

工业实现绿色循环。全州现有规模以上工业企业110户,2017年实现全部工业增加值114亿元,比2008年翻了三番,占全州GDP的38.6%,经济贡献率达到62.9%。全州现有清洁能源装机容量581万千瓦(含光伏20万千瓦),发电量达214亿千瓦时,比2008年翻了两番,水电产业占工业增加值总量的71.2%。现有18户规模以上农产品加工企业,实现工业增加值占比达7%左右,产值近50亿元。先后发展科技型中小微企业85户、高新技术企业8户(2008年全州无高新技术企业),成立阿坝州科技企业孵化中心,入孵企业达30家。新兴产业项目投资超

茂县亚坪工业园区

过 1.7 亿元，规模以上新兴产业企业 19 户，实现产值 20 亿元以上。近 5 年来，实现 43 个重点工业项目签约，协议引资 217 亿元。

现代服务业起步。仅 2017 年全州电子商务网络交易额达 68.63 亿元，同比增长 32.56%，高出全省平均水平 2.68 个百分点，全省排名第 13 位；实现网络零售 57.56 亿元，同比增长 38.45%，高出全省 3.58 个百分点，全省排名第 5 位，其中服务型网络零售额在全省排名第 3 位。

重灾县产业振兴

汶川县：全力推动产业转型升级，"汶川三宝"（甜樱桃、脆李子、香杏子）成功申报 3 项国家地理标志证明商标，11 家合作社成功申报有机食品转换认证。初步形成以锂、氧化锆、电解铝、液氧液氮、生态医药为主的产业集群。全力推动川青甘高原物流产业园区建设，全县拥有电商主体 180 余家、"微商" 1000 余家。建成国家 5A 级景区 1 个、4A 级景区 1 个、水利风景区 1 个，荣获"全国休闲农业与乡村旅游示范县"称号，形成由烟雨三江、丹青水磨、天地映秀、熊猫家园、大禹故里、古韵羌山构成的"汶川六景"，涌现出龙溪达拉布、漩口群山益水等一批康养民宿。三次产业结构比重由 2008 年的 8.1∶52.1∶39.8 调整为 2017 年的 6.5∶66∶27.5。

茂县：建成农业产业核心示范基地 28 个、万亩生态果蔬示范区 5 个、省级无公害产品基地 1 个，取得"三品一标"认证的品牌达 30 个，培育专合社、家庭农场、龙头企业等新型经营主体 320 余家，农村经济总收入由 2008 年的 2.77 亿元增至 16.88 亿元，农村居民可支配收入由 2008 年的 2163 元增至 11960 元。余热发电、气烧石灰石等循环产业链初步形成，清洁能源二甲醚和宝石生产等战略性新兴产业初具规模，全县规模以上企业由 2008 年的 8 家增加到 17 家，工业增加值由 2008 年的 1.70 亿元增至 18.99 亿元，工业企业带动本地及北川、汶川等周边地区群众就业 4500 余人。积极打造中国古羌城、九鼎山高山滑雪场等一批特色景区，2017 年接待国内外游客 200 万人次，实现旅游总收入 15.41 亿元。三次产业结构比重由2008年的20∶48∶32调整为2017年的17∶63∶20。

理县：打造特色蔬菜水果村63个，建成基地5.8万亩；建成生猪标准化规模养殖场23个，规模以上养殖大户突破2000户；理县甜樱桃、红富士苹果获得国家绿色食品认证，成功创建为省级农产品质量安全监管示范县。硅业、晶体、盐化工内生循环链条初步建立，高原绿谷成功转产，米老头食品加工企业建成投运，绿色园区加快发展。成功创建桃坪羌寨—甘堡藏寨和毕棚沟2个国家4A级景区，累计接待游客2000万人次；毕棚沟被评为国家级生态旅游示范区；拥有省级乡村旅游示范乡（镇）5个、省级旅游扶贫示范村2个、省级精品旅游村寨2个、省级乡村旅游示范村8个。三次产业结构比重由2008年的12∶64.2∶23.8调整为2017年的8.1∶72.3∶19.6。

黑水县：发展生态蔬菜2.35万亩、早实核桃5万亩、道地药材5万亩、凤尾鸡11万只、中蜂2.35万群、藏香猪15万头。新增水电装机100万千瓦；九千年泉水、优质苦荞、全青淀粉等农技产品知名度不断提升，规模以上工业企业从1家增加到10家；2017年电子商务线上销售额突破1000万；成功举办五届冰山彩林·生态文化旅游季，旅游总收入从2008年的900万元增至10.43亿元，年均增长60.8%；社会消费品零售总额从2008年的6353万元增至4.64亿元，年均增长22%。三次产业结构比重由2008年的21.4∶51.8∶26.8调整为2017年的11.38∶70.68∶17.94。

松潘县：建成国家GAP基地1个、种养殖专业合作社230家，6家企业获"净土阿坝"商标使用权，"松潘贝母"注册国家地理标志保护产品；种植大黄、羌活和川贝母等20余种中药材9.2万亩；累计补播草地10.5万亩，新建人工饲草地3.1万亩，舍饲棚圈建设508户、牲畜暖棚建设1555户。引进高原红牦牛肉食品、高原之宝牦牛乳业、丹珠梅朵电子商贸等企业入驻青藏高原农畜产品加工集中区并投产；建成和在建电站总装机容量达8.2万千瓦，年度总发电量7.1亿度，累计实现销售收入1.42亿元；规模以上工业总产值达5亿元，是震前的7倍。成功推出"夜游松州""月映中秋·边关情浓""松潘古城花灯会"等系列活动，川主寺景区成功申创国家4A级旅游景区，大力推进奇峡沟景区开发。三次产业结构比重由2008年的30.5∶13.2∶56.3调整为2017年的 19∶30∶51。

小金县：新增特色种植业 1.8 万亩、规模养殖户 229 户、专业合作社 331 个、绿色及有机食品认证 4 个、涉农商标 50 个、省级无公害农产品基地 2.95 万亩，申报国家地理标志保护产品（商标）3 个。建成水电站总装机容量 32.96 万千瓦，光伏电站总装机容量 10 万千瓦。2017 年，接待游客 121.29 万人次，实现旅游总收入 8.35 亿元。三次产业结构比重由 2008 年的 25.2∶29.2∶45.6 调整为 2017 年的 19.5∶42∶38.5。

九寨沟县：种植农作物 46879.3 亩、特色优质水果 9555 亩、蔬菜 10530 亩、花卉 264 亩，年产食用菌类 25 吨；建成适度规模养殖场 7 个、产业基地 4 个；成立农民专业合作社 279 家、成员 2269 人；修正无公害生产技术规程 11 个，登记地理标志保护产品 4 个，认证无公害农产品 11 个。实现规模以上工业增加值同比增长 2.1 倍，全部工业增加值增长 2.4 倍。注册物流企业 5 家、货物运输企业 4 家、快递公司 13 家，建成"万村千乡市场工程"农家店 133 个、配送中心 1 个、商贸中心 3 个、县级公共服务中心 1 个、乡镇及村级电商综合服务站点 25 个。三次产业结构比重由 2008 年的 13∶30∶57 调整为 2017 年的 8∶32∶60。

·创新驱动添活力·

阿坝州抓住灾区重建机遇，充分发挥民族区域自治优势，加强科技创新重点领域制度设计和政策储备，设立州本级应用技术研究与开发资金、科技成果转化资金、中小企业技术创新资金。加大政策争取力度，成立阿坝州科技企业孵化中心，入孵企业达 30 家；建成四川省特色高新技术产业化基地 1 个、省级企业技术中心 1 个；设立阿坝州专利授权补助资金，2013—2017 年申报省级试点示范优势培育企业 6 家；汶川县、黑水县获批成为国家传统知识产权强县。

阿坝州羌医药实用技术孵化基地成立

重灾县谋求科技突破

汶川县：成功引进试种"拉宾斯"甜樱桃、"红色之爱"苹果等新品种，建立甜樱桃栽培示范园5个，成功申报《白芨人工栽培技术示范》《三江黄牛保种选育基地建设》等科技项目31个。支持企业申请专利123件，建成国家高新技术企业6家，被列为"国家知识产权强县工程试点县"。汶川县浩普瑞公司成功申报省级企业技术中心，实现全州"零突破"，并设立"中南大学教授、博士工作站"。

茂县：筹集资金100万元作为企业提高创新能力贴息担保基金，积极引导企业进行新技术、新产品推广开发和应用，初步形成亚坪集中区、赤不苏集中区尾气循环利用，团结集中区循环、链式发展，槽木集中区余热利用循环经济模式。潘达尔硅业有限责任公司"工业硅电炉烟气余热发电"、茂县生产力促进中心"高原特色药材秦艽、独活、雪上一枝蒿资源保护及人工种植技术研究"等科技项目获得四川省第一批科技计划项目立项，并获得科技资金。

理县：全面发展农村电子商务，培育省级电子商务企业1家，建成乡村电商服务站点"通吃小站"50个,乡镇物流配送代办点20个,县域电商平台销售排名常年位于全省民族地区前列,2017年荣获四川省县域电子商务十佳县。鼓励支持群众创新创业,培育各类新型经营主体384家,孵化理县囍悦文化创意有限公司、白栈房电商公司等小微企业,理县"原产递"农产品电商项目获得全省创业大赛冠军。

黑水县：打造色尔古现代农业科技示范区,成功引进梨枣、夏黑葡萄、樱桃番茄等农业新产品。加快中药材产业基地建设,成功试种秦艽、大黄、羌活、柴胡、五加皮等中药材,建立GAP标准化中药材种植示范基地和中药材加工店。支持"九千年"达古冰川泉水技改升级、圣洁冰川食品公司技改扩能,"九千年"泉水获得四川省著名商标。"色湾藏香猪""黑水大蒜"成功获国家农产品地理标志,"黑水中蜂蜜"获得欧盟有机食品认证,核桃、青红脆李、白菜、莴笋、豌豆获得有机食品认证。建成全省藏区第一个科技扶贫在线平台,成功创建"省级科技扶贫示范县"。

松潘县：积极稳妥推进事业单位分类改革,公布行政许可项目182项,清理优化行政权力事项6165项,全县行政事务办结率达100%。个体工商户、农业专业合作社等各类经济主体持续增长,注册内资企业13户、注册资金6.06亿元,注册私营企业247户、注册资金15.1亿元。建成"四川科技扶贫在线"松潘服务平台,建成"松潘高原有机蔬菜"等6个科技特派员工作站,联合西南科技大学组建"松潘高原生态农业产业技术服务中心"。持续深入推进文化惠民活动,加大对"唐卡画院""巧娘"合作社等凝聚本土优秀文化产业企业的培育力度。

小金县：加强科技创新和成果转化,申报科技项目92个、专利62件,争取各类科技资金2000余万元,投入科技财政补助资金145万元,发展壮大酿酒葡萄、小金苹果、沙棘、甜樱桃、中药材等种植业。积极搭建校企合作平台,促进8家民营企业与四川农业大学、西华大学、西南民族大学等院校合作,培育高新技术企业1家,高新技术产值突破3亿元。四姑娘山沙棘、小金县绿野特种养殖基地等10家民营企业成为州级民营科技企业。建成县电子商务产业园、县仓储物流中心、89个乡村电商服务站点,2017年电商交易额突破1000万元。

九寨沟县：通过高标准规划引导建设和抱团式市场营销,逐步形成"政府引导、产业转型、学生创业、村企合作"的大学生就业创业发展新模式。九寨天堂口文旅产业创业园先后获得"全国首批乡村旅游创客示范基地""四川省大学生创业就业实践基地"称号,并作为四川省唯一民族地区创业代表进京汇报展示。现代农业产业园区种植特色水果、中藏药材、生态蔬菜、各类花卉等13500余亩,建成特色养殖基地1个,带动3000余名群众有效增收。九珍党参产业有限公司成为全县第一家具有进出口经营权的外贸公司,产品远销马来西亚、新加坡等国家和地区,2017年出口额达100余万元人民币,创汇7万美元。

·开放合作拓展空间·

合作领域日益拓宽。加强经贸产业战略、民族团结创新等合作,形成全方位、多领域、深层次的合作关系和联系机制。阿坝州政府分别与成都市政府、绵阳市政府、"九三学社"四川省委员会签订《区域合作框架协议》《战略合作框架协议》《合作协议书》。阿坝州商务局与青海省果洛州商务局、甘肃省甘南州商务局签订《经贸合作协议书》,与四川省商务厅、四川博览事务局签订战略合作协议。先后与四川大学、西华大学、交通运输部公路科学研究院、四川省农科院等国内高校和科研院所签订合作协议,为全州培养专业技术人才、提供技术服务和推进区域经济协调发展提供科技、人才支撑。

交流活动不断加深。按照"政府搭台、企业唱戏"的原则,坚持精准招商、上门招商,先后举办"川商光彩事业阿坝行"活动、建州60周年庆典招商活动、西博会阿坝州投资说明会暨项目签约仪式,赴沿海发达地区举办投资推介会等大型投资促进活动,实现外贸进出口总额29655.6万美元。

招商引资成果丰硕。赴对口援建省(市)、沿海发达地区开展招商引资项目推介活动,促进一批符合国家产业发展政策、带动效益明显、风险抵御能力强的项目落地。引进投资项目316个,协议引资2647亿元,累计到位资金583亿元。中粮集团、国电集团、华电集团、天津中环股份公司、亿利集团、中核汇能、鲁能集团等一批国内外知名企业先后落户阿坝,实际利用外资7571.3万美元。

投资环境逐步改善。出台《阿坝州鼓励投资优惠政策若干规定》《鼓励阿坝州籍川商返乡兴业回家发展的实施方案》，开通重大招商引资项目审批服务"绿色通道"，推行一站式、全程代理、并联审批等服务，进一步优化审批流程、简化审批手续，信贷规模和授信额度不断扩大。

重灾县争当开放合作先锋

汶川县：制定完善《汶川县投资促进工作管理办法》《汶川县关于实施健康免税岛政策鼓励康养经济建设的十条措施》，实现资源、资产与资本有机结合。签约项目34个，签约资金236亿元，履约落地项目18个，累计到位资金50亿元。建立县级PPP项目储备库，推动政府和社会资本合作实现新突破。与中央民族大学附属中学、内蒙古科技大学建立合作关系，与华西、北京阜外等医院建立远程会诊、双向转诊、人才培育等对口帮扶机制。与阿坝州农村信用联社股份有限公司签订授信60亿元的战略合作协议，与自贡银行签订10亿元产业扶贫基金协议。与阿坝州国有资产投资管理有限公司合作推进映秀培训产业和仁吉喜目

阿坝州成就展在北京民族文化宫举行

谷开发建设。

茂县：着力完善土地收储、功能配套，积极开展"惠民购物全川行动""川货全国行""万企出国门"等市场拓展活动，简化审批流程，提高服务效能，主动对接洽谈，扩大开放合作。引进大唐集团、香港友力集团等企业35家，其中涉及水电开发6家、生态种养殖4家、旅游资源开发5家。引进各类项目40个，总投资达56.44亿元。

理县：累计签约项目14个，履约项目5个，总投资达52亿元。古尔沟世界温泉小镇项目一期建成投运，米老头生态农业开发基地建成投产。浮云牧场开创高半山旅游发展新模式，精品民宿在国内行业榜上有名。孟屯河谷风景区建设项目控制性规划通过审查，计划今年9月底开工建设。启动成都军区总医院帮扶理县医院五年计划，与香港博阳医疗集团签订500万元战略支持协议，与攀枝花西区、米易县在经贸、科教、文化、康养等方面达成战略合作。与成都兴蓉公司合作成立阿坝州首家垃圾污水处理运营公司。

黑水县：充分利用生态农业、旅游文化、水电开发等资源优势，制定出台《黑水县招商引资优惠政策》。积极参加"渝洽会""西博会""广交会"等经贸合作洽谈会，大力推介农业、能源、旅游、文化等优势资源，引进国内资金50亿元。与四川怡天钢结构有限公司、圣洁冰川食品有限责任公司等企业签订意向性合作协议，签约总额超过60亿元。毛尔盖水电站、晴朗水电站、色尔古水电站等相继投产发电，累计新增装机容量达100万千瓦。

松潘县：编制《浙江省对口支援松潘县藏区经济社会发展规划（2016—2020年）》《大邑县对口帮扶松潘县规划（2017—2021年）》等规划，先后派出1000余名干部职工赴浙江省、大邑县、西南科技大学、四川天一学院学习。引进中国金融租赁有限公司，签订总投资100亿元的框架协议，先期启动50亿元资金在川主寺镇打造文化旅游区、"景+秀"实景演出区、九黄旅游交通枢纽区、冬季滑雪戏雪休闲体验区4大板块；引进四川能投新城投资有限公司和宏义实业集团，投资30亿元共同开发红星岩景区项目；引进复华控股有限公司，投资10亿元开发黄龙复华度假世界项目；引进北京中国金融租赁有限公司，投资100亿元开发川主寺片区文旅项目；引进万祥（北京）旅游发展有限公司，投资10亿元参与"花绿二海·西沟"生态旅游景区开发项目。

小金县：出台《小金县加快推进招商引资工作8条措施》，引进小金川水电开发、中核集团光伏电站、太极集团中藏药厂、四姑娘山文化旅游综合体等项目35个，到位资金28.1亿元；引进入驻成阿工业园区签约项目11个，协议投资30亿元。积极承接对口帮扶，浙江省绍兴市五年计划投入对口支援资金5487万元，成都市新津县五年计划投入对口帮扶资金3369万元。与成都市新津县签订《津金产业园战略合作框架协议》，依托新津县"天府新区南区产业园"和小金县"商贸物流园"，大力发展交通装备制造、食品饮料生产、仓储物流等产业。

九寨沟县：加大招商引资力度，签约旅游资源开发、生态农业、轨道交通等项目29个，到位资金67.22亿元；先后与浙江嘉兴市、西南民族大学等20余个市（县）、高校建立战略合作关系，与6家银行签订银政合作协议；引进鲁能集团、四川省能投集团、希尔顿酒店，争取中国大熊猫保护研究中心在甲勿海设立研究基地；与绵竹市就德阿"飞地园区园中园"开展深入合作，洽谈7个储备项目，预计投资15.4亿元；拓宽产品销售渠道，组织本地企业参加中国国际旅游商品博览会、第二十届中国国际投资暨全球采购会等会展活动。

干旱河谷人工造林

·生态环境更洁净·

植被修复成效明显。完成林草植被恢复141.6万亩、大熊猫栖息地恢复15.52万亩,恢复林木种苗基地5773亩、育苗温室5196平方米、育苗大棚3340平方米,完成林业有害生物防治9.6万亩,病虫害监测固定样地恢复44个。恢复重建林区公路447.5公里、防火巡护道路55公里、林区给水管线137.1公里、林区供电线路111公里、林区通信线路110公里、防火瞭望台26座。

地质灾害防治扎实推进。投入59亿元对893处重大地质灾害隐患点实施工程治理;投入5838万元对418处急需治理且规模较小的地质灾害隐患点实施应急排危除险治理;投入20098.4万元对8929户受地质灾害威胁的群众开展避险搬迁安置;投入8800万元对威胁小、发生概率低的地质灾害隐患点实行群测群防。实施泥石流治理工程,拦截泥石流固体物源约1200万立方米,治理灾毁坡体22万亩,绿化创面0.98万亩,恢复灾损耕地11万亩。

环境保护不断加强。编制完善《阿坝州地震灾区资源环境承载能力评估报告》《汶川地震阿坝灾区生态环境恢复重建规划》《阿坝州生态州建设规划》《阿坝藏族羌族自治州生态环境保护条例》,投入14.838亿元开展污染防治,投入7413.4万元开展环境监管能力恢复,创建国家级生态乡镇16个,省级生态县1个、优美乡镇2个、生态村30个,州级生态村529个,创建省级生态农业园区1个、自然生态小区2个、绿色学校3个、绿色社区3个。

重灾县发力生态修复

汶川县:坚持人与自然和谐共生,推进大熊猫国家公园建设,启动森林自然教育"100+1"计划。全面开展绿化全川行动,森林覆盖率提高到42.08%,森林蓄积量达1147万立方米,林地保有量达273.6万亩。推进岷江流域水生态综合治理,大力实施长江上游干旱半干旱河谷治理,完成七盘沟、羊岭沟等18处重大地灾治理和雁门沟、华溪沟等14处河道疏浚。扎实开展清河、护岸、净水、保水"四项行动",全县空气质量优良率达96%以上,集中式饮用水源地水质达标率100%,主要河流出境断面水质达到Ⅲ类水域标准。

茂县:采取生态修复与工程措施相结合的方式,形成保护与利用有机协调、生态与产业良性互动的绿色发展格局,成功修复大熊猫栖息地6万亩,完成封山育林23万亩,营造水土保持林5万亩,实施人工点撒播造林1万亩,管护森林370万余亩,实施退耕还林16万余亩,建成沿国道213线、347线干旱河谷绿色长廊达170公里,城镇绿化面积达1086亩,森林覆盖率从2008年的32.8%上升到2017年的36.87%。在岷江沿岸建成以花椒、核桃为主的林业产业基地9.3万亩,2017年特色干果产量2125吨,林业总产值达64808万元,较2008年增长35%。

理县:划定生态保护红线区域2701.41平方公里,占全县国土面积的62.39%。实施禁牧30万亩,人工种草3.5万亩。深入实施天保工程二期、退耕还林、绿化全县行动三大工程,管护森林面积178.7万亩,实施集体公益林生态补偿100.56万亩,受益农户3.67万人;完成新一轮退耕还林3500亩,累计实施工程造林3500亩、补植补造5000亩,义务植树达19万余株,森林覆盖率达43.7%,荣获2016年度"全国绿化先进集体"。饮用水源地水质达到地表水Ⅱ类水域标准,城乡环境空气质量优良达标率为100%。

黑水县:划定生态保护红线区域2148.9平方公里,占全县国土总面积的51.84%。完成区域绿化2.5万亩、发展果树经济林5.3万亩,打造生态绿色走廊1条、绿色果园11个、禁牧草场49万亩、草畜平衡162.4万亩,建设人工草场3.2万亩,成功创建沙石多乡省级森林小镇。投入2.33亿元,完成77处重大地质灾害治理;累计投入6858万元,完成自然保护区基础设施建设项目15个。有效保护天然林84.69万亩,完成森林抚育10.6万亩、人工造林4.23万亩、封山育林3.76万亩,全县森林覆盖率由41.35%增长到43.99%,林地保有量由275558.13公顷增长到276198.13公顷。

松潘县:深入实施天然林保护、退耕还林工程,大力种植经济林、生态林和观赏林,恢复森林面积2万亩,森林覆盖率达35.9%。纵深推进岷江流域综合治理，累计投入 15350 万元，实施地质灾害防治 83 处、排危除险 21 处，落实群测群防专职监测员 2542 人，完成地质灾害避险搬迁安置 290 户。着力做好大熊猫国家公园体制试点工作，实施耕地、污染场地、农村面源污染分类防治，整治土地近 6000 亩，全面推行城乡生活垃圾无害化处理，集中式饮用水源地水质达标率 100%。

小金县：编制实施《小金县生态经济"升级版"战略规划》《小金县生态县建设规划》等，加快推进生态农业产业化、生态工业新型化、生态旅游全域化，建成无公害农产品基地 2.95 万亩，建成梦笔山省级森林公园。深入实施"绿色十年行动计划"及"全民全域绿化行动"，管护国有林 134 万亩，森林蓄积量增加 23.338 万立方米，植树造林 10 余万亩，全县森林覆盖率达到 37.8%。境内河流出境断面水质达到或优于Ⅲ类标准，饮用水源地水质达标率 100%，空气质量优良率 100%。

九寨沟县：建成国家级环境优美乡镇 1 个、生态乡镇 16 个，省级生态乡镇 16 个、生态村 4 个，特色魅力乡镇 7 个。投资 16270.5 万元完成 105 个地质灾害治理项目。实现森林面积、蓄积量持续双增长，实施配套封山育林 1.8 万亩、退耕还林 6600 亩、人工造林 5811 公顷、封山育林 18436 公顷、异地飞播造林 1140 公顷，森林植被覆盖率达 69.75%，白河自然保护区升级为国家级自然保护区。荣获"国家绿色能源示范县""全国森林旅游示范县"等称号。

·区域发展更协调·

农村交通水利建设全面推进。新建机耕道 4048.6 公里，解决灾区近 15 万名群众的交通运输问题；新建、改造机电提灌站 51 座，总装机容量达 2685.5 千瓦。重建任务完成后，持续巩固扩大建设成果。目前全州农村公路通车总里程达 10889 公里，其中县道 1612 公里、乡道 1365 公里、专用道 490 公里、村道 7422 公里，实现乡镇和建制村通达率、乡镇通畅率、建制村通畅率"三个 100%"目标。农村机耕道总里程达 7409 公里，基本解决 50 余万名农村群众的交通运输问题。累计建设固定式机电提灌站 105 座、移动式提灌设备 1985 台（套）、太阳能提灌站 6 座，总装机容量达12030千瓦。

水利工程建设再提升。全州重建过程中,完成水利工程建设1251处,解决了36.72万人的饮水安全问题;建设渠道(管道)3007.87公里、枢纽工程433处、渠系建筑物836处,恢复改善16.53万亩农田的灌溉,修复微型水利工程设施139处。重建任务完成后,持续投入7.4亿元加大农村饮水安全工程建设,解决了79.11万名农牧民的饮水安全问题,32072名建档立卡贫困人口的饮水安全得到巩固提升;投入5.41亿元加快农田灌溉工程建设,新增有效灌面9.73万亩,恢复改善灌面14.11万亩,发展高效节水灌面3.75万亩;投入45508万元,综合治理水土流失面积517.21平方公里。

农田草原基地持续巩固。大力实施土地开发复垦整理项目,加强高半山土地整治,加快中低产田土改造,整治农田6.2万亩,建设高标准农田15万亩。着力开展"耕地保护示范县"创建工作,加大农田整治和保护力度。强化优质牧草种植示范推广基地、户营打贮草基地、人工饲草地、牲畜暖棚和防疫巷道圈建设。

新村幸福美丽。2013年,全州1354个行政村幸福美丽家园建设实现全覆盖。2014年至2015年,在593个村实施幸福美丽家园建设巩固提升工程。2015年底,全面完成金川、红原、汶川、理县省级第一、二轮"产村相融、成片推进"新农村示范县建设任务。2016年,全面启动

黑水县羊茸哈德新村

马尔康等9县（市）第三轮幸福美丽新村示范县建设，全州建成省级幸福美丽新村683个、创建省级"四好村"50个、州级"四好村"374个、县级"四好村"580个。完成农房重建59531户、城镇住房重建8947户、牧民定居行动计划建设42082户，实施大骨节病异地搬迁14352户、农村危旧房改造29281户、藏区新居建设31108户。

重灾县区域协同进步

汶川县：构建外通内畅、覆盖城乡的交通网络体系，映汶高速建成通车，国道213线恢复重建、汶马高速加快建设，汶崇路、汶彭高速、山地轨道交通等项目有序推进，县以及乡（镇）主要干道、通村公路硬化率、通达率达100%。稳步推进城乡电网升级改造，实现"4G到乡、3G到村、光纤到户"。深化传统村落和历史文化名村保护，抓好农村垃圾、污水、厕所专项整治"三大革命"，完成117个村基础设施、休闲广场、健身场所、主题公园等公共设施建设，幸福美丽新村建设全面完成。常住人口城镇化率由2008年的35.44%提高到47.06%。

茂县：新建茂汶大桥、踏水大桥、甘青大桥以及城区道路、环城公路等交通项目，新改建县、乡、村级公路833.45公里。完成旧城改造374户，绿化城区面积34公顷，人均公共绿地达8.5平方米。综合治理河道23.04公里，新建改造172处农村饮水安全工程，解决6.5万人饮水难问题。实施"百村千池万窖"微水灌溉工程，在127个村新建池窖17000余口，新增蓄水40余万立方米。大力推进凤仪、光明、叠溪等特色魅力乡（镇）建设，打造坪头、牟托、杨柳等精品旅游村10个，建成省、州级幸福美丽新村149个。

理县：汶马高速公路（理县段）建设有序推进，理小路、理黑路全面开工建设，新建通村公路648.8公里，新建桥梁123座，通村公路通畅率达100%。架设输变电线路332公里，全域农村电网10 kV线路改造500公里、7000余户。新建蓄水池2007口，安装引水管道373公里，新增灌面1.1万亩；修建供水厂2座，在建3座，解决了3万余人的饮水安全问题；建设河堤 60 余公里，综合治理流域面积达 60 平方公里。成功创建为省级新农村成片推进示范县，建成幸福美丽新村 63 个，创建"四好村" 35 个，广播、电视综合人口覆盖率分别达 98% 和 100%。

黑水县：投入 15.44 亿元，完成 116 条通村道路提升改造，修复 67.15 公里水毁旅游环线，完成 305.1 公里村级道路通畅工程；实施 48 个村农村电网改造工程。投入 9122 万元，实施饮水安全项目 11 个；投入 20201.42 万元，建设灌溉项目 14 个，新增灌面 4.99 万亩。累计投入 4.36 亿元，推进特色城镇化建设，完成地下管网、道路改造、城镇绿化等市政工程建设；投入 5602 万元，实施传统村落保护及藏区新居建设；整合资金 9.5 亿元，完成幸福美丽家园建设。建成 4G 基站 193 个，行政村宽带网络接入实现全覆盖。

松潘县：完成川主寺过境路、雪山梁隧道等 7 个重大交通项目，成兰铁路（松潘段）顺利推进，累计完成投资 682856.39 万元；完成 269 公里县道、64 公里乡道、67 条村道提升改造；10 kV 农村电网完成全覆盖升级。建成 1.41 平方公里的松潘新城，完成城镇住房维修加固 3532 户、重建 500 户，改造棚户区 2903 户，新建保障性住房 1150 套，完成市政工程重建项目 54 个，城镇化率达 38.95%。完成农房维修加固 12087 户、重建 2147 户、牧民定居计划建设 4249 户。建成 13 个特色魅力乡镇、10 个幸福美丽村寨和 10 个精品旅游村寨。

小金县：完成巴郎山隧道建设、县城过境路建设、国道 351 线夹金山至达维段维修等交通项目，理小路、卓小路建设全面开工，改造、硬化村组道路 1446.6 公里，新建产业路 360 公里。建成小金至丹巴 220 kV 输变电线路，新建、改造农村低压线路 900 余公里。新建、改造饮水及灌溉管网 5400 余公里，新增灌面 5.28 万亩，解决了 7.1 万人的饮水难问题。完成四姑娘山集镇、会师广场、滨河路、县城污水管网、美兴镇市政道路等市政项目建设改造。建成幸福美丽家园村 134 个，创建省级"四好村" 4 个、州级"四好村" 33 个、县级"四好村" 72 个。新建通信基站 400 余个、光网村 87 个，实现 21 个乡（镇）及公路干道 4G 网络全覆盖。

九寨沟县：建成 290.5 公里通村公路，实现乡乡通油路、村村通硬化路"两个 100%"目标。完成农村安全饮水工程全覆盖，治理中小河流 4.5

公里。整合近 3 亿元完成 120 个村的幸福美丽家园建设；整合 2732 万元启动 36 个脱贫村的新村建设；安排 1600 余万元改善 72 个非贫困村的村容村貌；全面推行宜居县城建设试点，漳扎镇成功入选四川首批省级特色小镇。

·民生之本更厚实·

教育事业实现突破。大力实施"两基"攻坚、"十年行动计划"、灾后恢复重建、中央支持藏区专项等重点工程，建设各类学校 260 所，校舍面积达 162.7 万平方米，现有在校学生 73022 人、教师 7959 人，灾区县全部通过国家"两基"督导评估和县域内义务教育均衡发展国家督导评估。实施学前教育"一免一补"、义务教育"三免两补"、高中教育"两免一助"民生工程，落实义务教育营养改善计划、助学贷款等惠民政策，全面普及十五年义务教育。

文化事业蓬勃发展。完成公共文化服务、新闻出版、文化遗产、广播影视等领域灾后重建项目 462 个，建成覆盖县的图书馆、文化馆（美术馆）、数字电影院、广播电视台、文化资源共享中心各 7 个和博物馆（纪

汶川水磨藏汉双语学校

念馆）6个，建成覆盖乡村的综合文化站124个、社区书屋38个、村级文化活动室（农家书屋）868个。完成碉楼与村寨保护维修工程、国家级羌族文化生态保护实验区规划与建设，征集"5·12"汶川大地震期间的文件报刊、书信徽章、旗帜标语、标识物等各类物品2万余件（套）。

医疗卫生全面提升。累计投入23.47亿元实施项目1576个，现有医疗卫生机构1656个、建筑面积68.59万平方米、床位4551张、万元以上设备总价值5.85亿元，较2008年分别增长8%、48%、74%、91%，全面取消公立医院药品加成，基本建成"一小时医疗服务圈"和基层慢病地方病康复治疗体系。现有卫生技术人员6316人，较2008年增长14%，其中执业助理医师2092人，增长28%；注册护士1992人，增长147%。孕产妇死亡率降至63.18/10万，婴儿死亡率降至7.27‰、传染病报告发病率降至444.36/10万，较2008年分别下降62%、78%、15%。

社会保障更加健全。城镇职工养老保险、城乡居民养老保险、基本医疗保险、失业保险、工伤保险、生育保险实现全覆盖，连续13年调高企业退休人员养老金，城乡居民基本医疗保险补助标准逐年提高，城镇职工基本医疗保险最高支付限额由职工年均工资的4倍提高到6倍，工伤保险、生育保险、失业保险待遇逐年提高。将关闭破产企业退休人员和困难企业职工纳入医疗保险，将国有企业"老工伤"人员纳入工伤保险统筹管理，将未参保集体企业和"五七工""家属工"等群体纳入养老保险。

重灾县民生欢歌

汶川县：将65%以上的公共财政收入用于民生事业，着力解决关系群众切身利益的问题，补齐民生社会事业发展短板。实行教师"县管校聘"，开启"阳光午餐"新模式，汶川县第一小学被评为全国文明校园，汶川县银杏小学校被认定为"国家防震减灾科普示范学校"。全面建成汶川县体育馆、博物馆、映秀震中纪念馆；开办全省首个创新型康养书院，推行居家养老服务，建设日间照料中心。在全国率先实现全民免费健康体检和全员慢病管理，建立全民免费体检中心，每2年开展一轮全民免费体检。推行报销救助结算"一站式"服务，加快推进"医联体""医共体"建设，汶川县人民医院创建为三级乙等综合医院，汶川县妇幼保健院创建为二级乙等妇幼保健机构，全县创建为省级卫生应急示范县、国家慢性非传染性疾病综合防控示范区。加快建设创新创业孵化基地，不断扩大就业规模，动态消除"零就业"家庭，城镇登记失业率控制在4%以内。建立社会综合保险体系，为农户购买农村房屋保险，为县域内群众购买自然灾害公众责任险。完成残疾人综合服务中心建设，创建为全省"开放量服""辅助器具全覆盖"试点县。

茂县：全面普及幼儿教育，缩小城乡教学差异，建成中小学校27所、幼儿园38所，茂县黑虎乡羌汉双语和谐试点工作通过国家民族事务委员会验收。建立覆盖城乡、结构合理、功能健全的现代公共文化服务网络，建成全国最大的羌文化集中展示区——中国古羌城，成功申报国家级非遗项目4项、省级非遗项目17项、州级非遗项目65项。鼓励和规范社会办医，建成医疗机构185家、二级乙等及以上医院3家。新建全县就业和社会保障中心、基层劳动保障工作平台、县级就业和社会保障公共服务信息系统，初步建立涵盖城乡一体化的社会保障综合服务平台，全县城乡居民养老保险、基本医疗保险参保覆盖人数分别达3.63万人、10.43万人，城镇登记失业率控制在3.69%以内。

理县：重建16所中小学及幼儿园，实验仪器配齐率超过95%，配备计算机网络教室22个、电子管理系统30套、电子备课系统345套；创新实施"翻转课堂"建设，推进信息化教育新模式；成功创建为全国义务教育发展基本均衡县，成为全国首个"民族地区教育发展先行实验区"。创新建立乡村文化服务队，建成县级文体中心、乡村文化室，县乡村三级公共文化服务体系实现全覆盖。打造"米亚罗红叶温泉节"文化品牌，成功举办四川省第六届乡村文化旅游节。理县人民医院创建为二级甲等医院，实现乡镇卫生院、村级卫生室覆盖乡村，县域就诊率达90%以上，积极申报全省健康促进县。建成理县社会救助福利服务中心，获得"敬老文明号""二星级敬老院"称号。

黑水县：重建学校15所，完成3.13万平方米受损校舍维修加固和1.46万平方米危旧校舍拆除，高标准建成七一维古小学、扎窝中心校、黑水县中学高中部，完善学前至大学全覆盖教育资助体系。创办"卡斯达温"等5个非遗文化传习所，"阿尔麦多声部合唱"成功申报国家级非物质文化遗产，成功举办原生态锅庄会演、原生态山歌比赛等系列活动，开展送文艺下乡、免费放映电影等活动，免费开放黑水县图书馆及17个乡镇文化站。县乡村三级医疗体系不断完善，"1小时医疗服务圈"初步形成。全面实施全民健康免费体检，常态化义诊巡诊30余万人次，成功申创省级卫生文明城市、计划生育服务先进县。实施机关事业单位养老保险制度改革，全面实现"五险统征"。

松潘县：投入资金26788万元，新建、改（扩）建、维修加固学校33所，新增面积10万平方米；投入400余万元进行校园文化建设；投入资金5000万元加强信息化建设，配备电脑1569台、教室多媒体系统242套以及相应配套设备，2017年被认定为"全国义务教育发展基本均衡县"。投入资金380万元，修缮国家级文物保护单位毛尔盖和沙窝会议遗址，筹建小姓乡羌文化传习基地，申报州级非物质文化遗产项目8个；投入资金3500万元，完成8000平方米体育馆重建。投入资金14076万元，完成医疗卫生机构灾后重建和设备购置项目28个，建成143个村级卫生室，完成ICU重症监护病房改造，卫生人员比2008年增长308人，城乡居民平均期望寿命从2008年的67.3岁提高到72岁。

小金县：重建中小学校35所，新办幼儿园38所，建成小金中学体育场。建成乡镇文化站21个、农家书屋136个、乡村健身场地139个，实现广播电视"户户通"全覆盖。重建卫生项目28个，建成村卫生室127个，小金县医院创建为二级甲等医院，小金县中藏医院创建为二级乙等医院，小金县疾控中心创建为二级乙等疾控机构，被评为国家计生优质服务先进县。扶持大中专毕业生及困难群体就业创业1.2万人次，城镇登记失业率控制在3.8%以内；实施全民参保登记计划，城乡低保实现"应保尽保"，弱势及困难群体基本生活得到保障。维修加固民房10078户、重建民房7809户，建成牧民定居点11个、1025户和藏区新居2608户。

九寨沟县：通过国家义务教育发展基本均衡县验收认定和教育"两基"督导评估，九寨沟县中学成功创建为四川省二级示范高中。建成九寨沟县非遗展示中心，拥有国家级非物质文化遗产4项。举办"名家看九寨"、九寨沟国际旅游文化节、"疯狂熊猫半程马拉松赛"等活动，荣获"四川省民间文化艺术之乡"称号。实行药物100%阳光采购，100%"零差率"销售，建成"1小时医疗服务圈"，全面实施"一站式挂号、基层首诊、分级诊疗、双向转诊"就医模式；深化县级公立医院改革，正式挂牌成都大学附属医院九寨沟分院，成功创建为省级卫生应急综合示范县。五大保险基本实现全覆盖，开辟灾后"医保服务绿色通道"，实现"一站式"医疗保障报销，在全州率先实施农村政策性农房保险。

·脱贫攻坚连战连胜·

自2008年灾后恢复重建以来，汶川、理县、茂县、小金、松潘、黑水、九寨沟县纳入《汶川地震灾区发展振兴规划（2011—2015年）》，灾区累计投入各类扶贫资金49437万元，实施182个受灾贫困村整村推进项目。2013年底，全州有国家集中连片特困县13个、贫困村606个、贫困户26643户、贫困人口103643人，贫困发生率为14.5%。2017年实现4个特困县（市）摘帽、239个贫困村退出、30319名贫困人口脱贫任务。

中药材种植现场培训

构建全程全员脱贫格局。州县乡三级成立以党委、政府主要领导为双组长的脱贫攻坚领导小组，层层签订2014—2020年责任书和年度责任书。严格落实州四大班子联系指导摘帽县（市）、13个工作组常态联系督导13县（市）脱贫攻坚工作制度。颁布施行《阿坝州农村扶贫开发条例》，印发《阿坝州农村扶贫开发总体方案（2011—2020年）》，编制《阿坝州农村脱贫攻坚"十三五"规划》《阿坝州脱贫攻坚三年滚动计划》和《阿坝州深度贫困地区脱贫攻坚实施方案（2018—2020年）》。

打牢脱贫奔康坚实基础。新改建农村道路7581公里，在民族地区率先实现乡镇通畅率、行政村通达率和行政村路面硬化率"三个100%"；投资52.2亿元建成110 kV以上输变电线路925.2千米，农村电网升级改造5465千米；投资7.2亿元解决了42.4万名农牧民的饮水安全问题；新改建医疗卫生机构1247个，乡镇卫生院和村卫生室标准化率达97.3%和99.54%；颁布《阿坝州教育条例》，在全国民族地区率先实施十五年义务教育，国民平均受教育年限提高到6.9年；建立州级产业发展基金，狠抓就业创业致富工程，农村居民收入明显增加。

扎实提高脱贫攻坚质量。建成农村集体经济组织541个，发展特色种养殖基地79.6万亩，培育专合组织702个、种养大户316户，带动1.8万名贫困群众脱贫。推出浮云牧场等一批星级乡村旅游酒店，示范带动贫困群众通过发展乡村旅游产业脱贫致富；投入3.21亿元实施幸福美丽家园巩固提升工程，完成易地扶贫搬迁建设711户、藏区新居建设2218户；筹集2.2亿元创造性建立教育、医疗、产业扶贫"三大基金"。

拓宽脱贫攻坚实践新路。出台《阿坝州关于开展生态扶贫的实施意见》，整合3亿元实施生态扶贫，建立381个生态管建合作社，实现19965名建档立卡贫困人口就业。创建"四好村"734个，建成幸福美丽新村320个；建好"农民夜校"，选聘606名第一书记兼任校长，举办羌绣、唐卡、电商等技能培训2.3万余学时，农牧民参与68万人次；广泛开展"孝、善、和、俭"孝德文化建设，加快移风易俗，树立文明乡风。

重灾县脱贫攻坚录

汶川县：截至2017年底，完成27个贫困村退出，1209户、4042名贫困人口稳定脱贫，贫困发生率降至0.65%。创新推广"户户入、入户户"群众工作法，设立五大战区，县五套班子对全县12个乡镇实行分片包干，设置网格1532个，配齐村第一书记，为1.9万余名农户配备帮扶责任人。落实各项惠民政策，按时足额兑现贫困家庭学生生活补助，贫困群众在县域公立医院住院自付费用比例控制在10%以内。设立1575万元贫困村产业扶持基金，建立3000万元非贫困村产业扶持基金池。实现全县37个贫困村均有集体经济且人均收益53.85元。

茂县：截至2017年底，累计脱贫7350人，退出贫困村39个，贫困发生率降至0.71%。设立教育扶贫救助、卫生扶贫救助、产业扶贫救助、扶贫小额信贷分险4项基金，完善对口帮扶工作机制，推进"造血式"扶贫。实施脱贫攻坚项目2000余个，建成幸福美丽新村30个、乡村两级电子商务服务站26个，成功创建国家级电子商务进农村示范县。建成标准化村卫生室、活动室、文化广场126个，创建省、州、县级"四好村"75个。

理县：截至2017年底，实现1170户4259人脱贫，31个贫困村退出，贫困发生率降至0.2%。实施农村灾后重建暨综合扶贫攻坚行动、高半山农村综合扶贫开发、特困群体帮扶措施等，对标贫困户脱贫标准"一超六有"、贫困村退出标准"一低五有"、贫困县摘帽标准"一低三有"，退出贫困村实现通村硬化路、安全饮用水、生活用电、卫生室、文化室全部达标，宽带网络畅通乡村，脱贫攻坚工作取得明显成效，顺利通过省州验收和第三方评估。

黑水县：截至2017年底，贫困人口降至1096户3604人，贫困发生率降至6.8%。2008年至2013年，累计投入资金5.2亿元，实施易地搬迁、整村推进等项目，贫困人数从1.6万人降至9976人。2014年以来，实施藏区新居建设595户、易地扶贫搬迁160户、村组道路项目40个、安全饮水项目40个，电力建设、通信网络实现全覆盖。鼓励群众从事生态效益农业和旅游服务业，助推贫困人口人均增收1900元。开发农村公益性岗位4042个，托底安置4825名贫困群众就业，兑付各类补助资金

1837.44万元。实施医疗保障"十免四补助",贫困户参合率达100%。创建省、州、县级"四好村"48个。

松潘县:截至2017年底,实现1932户7249人脱贫,22个贫困村退出,贫困发生率降至1.05%。出台《松潘县毛尔盖片区发展与扶贫攻坚实施规划(2013—2015年)》,投入3.53亿元,实施项目277个,实现毛尔盖地区农牧民人均纯收入年均增长15%。整合扶贫资金6.3亿余元,落实39名县级领导包乡、85个部门包村、1400余名干部包户工作。投入到户产业资金2166万元、发放小额信贷3306.5万元;开展技能培训4000余人次,转移就业贫困对象1500余人,公益性岗位安置1539人;易地搬迁37户、修建藏区新居1391户;硬化农村道路218.8公里;建设乡镇标准中心校、达标卫生院、便民服务中心各25个,修建农牧民夜校143所,创建省、州、县级"四好村"115个。

小金县:截至2017年底,实现2696户9990人脱贫,55个贫困村退出,贫困发生率降至2.85%。建成标准化村委活动室114个,易地扶贫搬迁167户587人。搭建起民族电商扶贫群众脱贫致富新平台;推行牦牛标准化养殖"4218"模式,走出产业升级与贫困户增收新路子,开辟"量体裁衣"式精准扶贫脱贫服务平台,创新"四定三加两励一策"考评机制,有力促进城乡居民增收致富。

九寨沟县:截至2017年底,实现贫困村退出43个,建档立卡贫困人口从2013年底的5638人减少到573人,贫困发生率降至1.2%。落实37名县级领导联系17个乡镇,105个县级部门3800名干部、48名第一书记联系120个行政村。落实每个乡镇100万元产业发展资金、每个贫困村50万元产业扶持基金,实现行政村集体经济全覆盖。全面落实教育、健康扶贫政策,贫困家庭义务教育巩固率、农村合作医疗参保率均达100%。整合涉农、扶贫专项等资金5.07亿元,用于提升农村公共服务、基础设施建设。

灾难面前 有序应对

加强防灾减灾体系建设，是党中央从我国自然灾害特点出发做出的重要部署，也是经济社会可持续发展的必然要求。在历次灾难中洗礼，不断总结经验，逐步从单一抢险救灾转为主动防灾减灾，建立起更加科学、健全的防灾减灾救灾体制机制，各级政府在灾害中的事权和工作责任得到进一步厘清，救灾物资储备网络不断健全，防灾减灾信息化水平、灾害监测预警能力、全民防灾减灾意识、重大项目设防水平、生态保护工程实施能力、综合减灾能力进一步提高，社会经济发展与防灾减灾建设不断匹配，同等致灾强度下灾害造成的损失不断减少，受灾群众得到更加有效的保障。

实践出经验

 防灾减灾救灾阿坝进行时

十年来,阿坝州在上级党委、政府和社会各界的关心和帮助下,在应对自然灾难的过程中不断总结,全面提升防灾减灾救灾能力,为人民群众生命财产安全织出一张可靠的"安全网"。

防灾减灾体系不断完善。成立阿坝州应急委员会,由州长担任主任,有关州领导为副主任,州级有关部门(单位)、驻州军警机关、在州央企主要负责同志任委员,常设9个专项应急指挥机构,形成统一指挥、结构合理、反应灵敏、运转高效、保障有力的全州综合减灾和突发事件应急体系。建立阿坝州突发事件应急管理工作联席会议制度,定期开展应急管理形势研判,高效有序地应对处置各类突发事件。建立快速联动救援机制,州、县、乡三级分别制定《自然灾害救助应急预案》,初步形成"纵向到底、横向到边",多层次、广覆盖,针对性、操作性强的应急预案体系。积极参与川西南片区13市(州)应急联动协作会议,主动与相邻市州对接,组织人员物资参与"4·20"芦山地震抢险救援,协调绵阳、甘肃等地高效完成"8·8"九寨沟地震人员疏散转移工作,跨区域联动处置机制高效有序。

应急救援能力大幅提升。建成覆盖全州13个县(市)应急指挥平台和省州县乡四级的灾情信息网络。应急指挥调度系统、地理信息系统、数据库系统、视频会议系统、语音呼叫系统、省州县三级门户系统完备，实现省州县乡四级互联互通。依托州公安局指挥中心，采用"企业投资、政府租赁"方式，于2015年11月启动阿坝州应急指挥平台建设工作，采集录入各类应急管理基础数据25类77项13137条信息，结合公安、国土、旅游、气象、交通、人防等行业数据，接入公安"动中通"卫星通信指挥车和人防移动指挥车采录视频信号。

应急队伍体系配齐配强。全州成建制组织普通民兵10000人、基干民兵队伍298支7857人，配置铁锹、十字镐、冲锋舟等应急装备。州军分区、各县（市）每年分别投入100万元用于民兵训练、装备购置等经费；公安消防由2008年的3支现役中队发展为15支，共有官兵322人、消防车108辆、消防站19个、防护装备18114件、抢险救援器材2659件、灭火器材2459件、灭火药剂24.5吨、消防船艇3艘。截至2017年，地方消防业务经费预算达1342.8万元，全州消防部队消防业务经费预算达4200万元。组建青年志愿者、巾帼志愿者等70支志愿服务队伍，共计3258人；登记72010名共产党员突击队，视情况参与抢险救灾。

避难场所建设加快推进。全州避难场所建设已延伸至乡镇及灾害

演练搭建群众临时安置救灾帐篷

易发山区和高寒地区，部分县（市）、乡（镇）实现全覆盖。依托学校、广场、绿地等空旷安全地带，建立不同规模应急避难场所和应急避险点，设置醒目指示标志和标牌，制定相应的管理制度和应急预案，配套完善的应急供水、供电等相关设施。按照"县（市）为主体，州级部门指导"原则，结合自然灾害频发、易发及各类突发事件发生频率增大的实际，在基层广泛开展桌面演练、模拟演练、实际切换演练、综合性演练和竞技性演习8500余场（次），参加人数达140余万人（次），累计投入经费约1600万元，群众自救互救能力明显提高。州、县（市）共建设救灾物资储备库14个，在灾害易发乡(镇)建立物资储备点84个，棉被、棉衣裤、粮油、应急照明设备等物资储备充足，对食品、饮用水等不易长期放置的救灾应急储备物资，通过与超市、商铺签订协议，保证救灾物资储存。

应急救援宣传培训深入有效。按照全国综合减灾示范社区标准创建全国综合减灾示范社区16个。深入开展应急管理知识宣传活动，发放《阿坝州公众应急知识宣传手册》等各类宣传资料200余万册。州政府应急管理门户网站每年发布全州应急管理工作动态、预警信息、科普知识等信息400余条。坚持"走出去"与"内部交流"相结合的形式，强化防灾减灾知识宣传，对灾害信息员、救灾物资储备仓库管理员、应急救援队伍等开展业务培训。自2008年以来，共培训700余人次，投入经费160余万元。

重灾县能力提升

汶川县：围绕"监测预报、灾难预防、紧急救援"防灾减灾三大工作体系建设，设立应急委员会和9个专项应急指挥机构，负责突发事件防范和应急处置工作。制定完善《汶川县人民政府突发公共事件总体应急预案》《汶川县地质灾害防御预案》《汶川县防洪抢险预案》等，完成乡镇、村（社）、单位、学校、企业综合预案和专项预案80个。先后组建地质灾害、防汛抗旱、森林防火、安全生产、公安消防、市政应急、卫生防疫等专兼职应急救援队伍，不断加强"三网一员"建设。与成都高新减灾研究所合作，在全国首创电视地震预警系统；与北京大学合作，建立多分量地震监测系统AETA试验站。组织开展大中型应急演练262次，覆盖机关干部、基层群众、民兵等各类社会群体。汶川县银杏小学被认定为"国家防震减灾科普示范学校"，映秀镇秀坪社区成功创建为四川省防震减灾示范社区。

茂县：将常态减灾和应急管理作为基础性工作，着力加强防灾减灾综合能力建设。成立县应急委员会，设立9个专项应急指挥机构，在各乡镇成立应急管理领导小组。注重预案体系完善，形成1个总体预案、16个专项应急预案、40余个部门预案、21个乡镇综合预案。投资2700余万元，先后实施救灾应急物资储备仓库、应急指挥中心、雨量水位监测站和应急通信设施设备建设等防灾减灾项目。强化提升灾害排查、监测、预警能力，建立健全信息沟通、灾害管理协调机制，实现预警信息无盲区全覆盖。按照"一专多能、一队多用、一岗多职"要求，组建各类综合专业救援应急连队、支援应急队伍46支，共计1800余人。建立行政手段与市场手段相结合的应急物资储备体系，充实完善应急物资种类和数量。

理县：坚持"以人为本、预防为主、防治结合"工作方针，加大灾害防治投入，完善预案体系，落实群测群防群治措施，科学编制防汛抢险、地质灾害防治等各类专项预案，形成县、乡、村三级防灾救灾体系。建成河堤总长达45.694公里，有效保护耕地1万余亩，确保2万余人生命财产安全。实施地质灾害治理项目40个，覆盖全县13个乡镇。累计建成自动雨量站28个、自动水位站5个、视频监测站5个，形成覆盖全县的水雨情监测体系。针对94处山洪危险区和441处地质灾害易发区，逐点明确监测人员、预警预报方式、撤离路线、避难场所，做到无遗漏、无盲区、无死角。及时储备更新各类防灾物资、机具，建立应急救援队伍79支1569人，确保抢险救灾及时高效。

黑水县：建立完善以县长为主任的应急委员会，常设9个专项应急指挥机构，建立突发事件处置联席会议制度，防灾减灾体系日趋完善。建立完善24个专家组132人、专职救援队伍26支462人、乡镇综合救援队伍17支1243人，基本形成以县民兵应急综合服务大队、公安、武警为骨干的突击力量,以防汛抗旱、抗震救灾、森林(草原)防火、通信保障、医疗卫生处置等专业队伍为基本力量的应急队伍体系。依托气象、国土、环林等部门加强预警信息平台建设,逐步优化监测预警手段,彻底解决高半山预警信息不畅问题。建立完善林业、民政、水务应急物资库,动态补充各类应急物资。设立乡镇应急避难场所,标识标牌和应急设施不断完善,群众应急避让能力不断提高。积极开展防灾避灾应急演练,切实增强群众防灾避灾意识,临灾自救互救能力明显提升。

松潘县:成立县防震减灾领导小组、县抗震救灾指挥部、县防汛办、县森林草原防火指挥部等,组建1支县级综合应急处突队伍、1支公安应急处突队伍以及25个乡(镇)地震救援队伍、食品安全委员会、村食品安全协管员。制定《松潘县地震应急预案》《松潘县防灾减灾应急物资储备体系建设规划》以及涉及食品安全、火灾、交通事故、自然灾害救助、地质灾害等的应急预案,保证突发事件得到快速妥善地处置。建立县、乡、村三级灾害信息员灾情报送制度、24小时领导带班值班制度、25个乡(镇)防震减灾短信服务平台。建立县级应急避难场所1处(红十字会救灾备灾应急救护中心)。完善应急救援机械分行业储备机制,建立1个县级救灾物资储备库、4个乡镇救灾物资储备点、通信应急物料专用库房、应急物资储备仓库等。建立防震减灾综合信息平台1个、ICL地震预警系统11套、地震监测实验站3个、地震烈度速报与预警工程基准台15个。

小金县:完善防灾减灾管理体系,制定《小金县破坏性地震应急预案》《小金县突发事件应急预案》等专项预案和部门应急预案20余项;搭建起响应高效、信息共享的服务保障指挥平台,成立综合应急救援大队,累计开展地震救援、滑坡泥石流处置、抗洪抢险等演练和救援600余次。建成"一中心、三点"应急物资储备库,储备物资种类齐全。建成县城应急避险场所2处、乡镇应急避险场所21处。实施沃日河、抚边河防洪等地质灾害治理项目122个,治理危险河道20余公里,地灾搬迁400余户。成功应对"4·20"芦山地震、"6·27"特大山洪泥石流等自然灾害,最大限度地保障了群众的生命财产安全。

九寨沟县:健全防灾减灾管理体系,成立由县长任主任,有关县领导任副主任,乡(镇)、相关县级部门、企事业单位同志为成员的应急管理委员会。将应急管理经费纳入财政预算，保障应急工作和应急处置经费。全县17个乡镇均配备无线短波电台、卫星电话、手持对讲机等无线通信设备。制定《九寨沟县旅游高峰应急预案》《九寨沟县突发性地质灾害应急预案》等各级应急预案470余个，每年组织开展应急演练200余次，参演人员4万余人次。县级救灾物资储备仓库于2013年建成投入使用，科学设置应急避难场所89处，完善以应急救援指挥平台为核心、公安消防部队为骨干、各专业专职和社会化应急救援队伍为补充的应急力量。深入开展防灾减灾宣传活动，每年发放各类资料35000余册（份），制作宣传标语、横幅200余条（幅）。

从"5·12"到"8·8"
——阿坝州重(特)大地质灾害应对启示

理念指引方向

习近平总书记强调:"同自然灾害抗争是人类生存发展的永恒课题。要更加自觉地处理好人和自然的关系,正确处理防灾减灾救灾和经济社会发展的关系,不断从抵御各种自然灾害的实践中总结经验,落实责任、完善体系、整合资源、统筹力量,提高全民防灾抗灾意识,全面提高国家综合防灾减灾救灾能力。"

一、坚持人民中心论,始终将人民群众的生命财产安全放在首位

加强防灾减灾体系建设,切实保障人民群众生命财产安全,是贯彻落实"以人为本、执政为民"理念的根本要求。自然灾害给人类生存发展带来严重威胁,一个国家或地区的政府在防治与减轻自然灾害中所表现出的行为、效能,已经成为评价其施政能力和水平的重要标志。

阿坝州在防灾减灾救灾体系建设中,把人民群众生命财产安全放在高于一切的位置,在各种应急预案制定、防灾减灾体系规划中都得到贯彻和体现。更加注重发挥群众在防灾减灾工作中的主体作用,通过宣传、教育和各种培训,提高群众防灾减灾意识,不断提高保障自身生命财产安全的能力。

二、坚持安全发展论,努力实现从被动救灾向主动减灾转变

自然灾害都会造成发展成果的损失,甚至付出生命的代价。作为欠发达地区,积累发展成果极为不易,必须坚持安全发展,努力减少不必要的损失。

灾害防治的基本对策是预防、避让和治理。其中，预防是上策，避让和治理都要付出较高代价。阿坝州坚持预防为主的原则，在主动减灾上采取措施，尽最大可能减少灾害损失。面对地灾隐患点多面广的实际，打破传统的救灾思维模式，采取更加积极有效的措施，把被动应对自然灾害变为主动防灾减灾，把更多的资金投入到防灾减灾设施建设和防灾减灾体系建设上，提高公共建筑防灾抗灾能力，增加防灾减灾设施，努力构建社会发展的"安全防护网"。从"5·12"汶川地震到"8·8"九寨沟地震中民房和公共建筑的倒塌情况看，提高抗震设防等级，严格建筑质量管理，可以有效保护发展成果，保护人民群众的生命财产安全。

三、坚持底线思维论，努力做到科学防灾减灾

在面对自然灾难时，要从最坏处准备，争取最好的结果。将常态减灾作为基础性工作，坚持防灾减灾救灾过程有机统一、前后衔接、未雨绸缪、常抓不懈，增强全社会抵御和应对灾害的能力。

阿坝州始终坚持尊重规律，按照客观事实开展防灾减灾，不断总结实践经验，自觉把握自然规律，努力减少工作的主观性、盲目性。不断加大工程治理力度，在城镇、村寨等人员密集的地方采取多重防护手段，提高防灾能力。严格工程质量监管，确保各项工程、措施、工作都经得起重大自然灾害的考验。

随时做好防大灾准备，加大备灾力度，在人、财、物等方面做好储备，确保关键时候"拉得出、用得上"。重视发挥科技的力量，充分应用先进科研成果和技术装备，提升防灾减灾能力。

四、坚持总体国家安全观，逐步实现从单一救灾转向系统防灾减灾

防灾减灾是一项涉及经济、社会、生态各个领域并影响社会各个方面的系统工程，在防范和处置地质灾害的同时，要注意社会安全隐患排查、生态安全评估，确保灾区社会平稳有序，防止因灾引发各种不稳定情况的出现。

阿坝州坚持综合防治、系统防治、全面防治，积极推进并确保监测、预报、评估、防灾、抗灾、救灾等工作协调一致。建立完善的工作机制、

协调机制和保障机制，最广泛地动员全社会力量有序参与，加强防灾减灾力量资源整合和协调配合，健全社会稳控机制；做好预案制订、专业队伍建设、基础设施建设、灾害预警、应急处置等方面的工作，健全完善防灾减灾体系；重视研究不同类型自然灾害之间的相互联系，充分发挥防灾减灾措施的综合效用，开展灾害及其防治知识教育、宣传、培训。全州几次大的地质灾害都没有出现群体事件、民族矛盾、疫病传播、次生灾害二次伤亡等影响社会稳定的情况，较短时间内恢复了生产生活秩序，为持续发展提供了保障。

机制提升能力

习近平总书记指出，当前和今后一个时期，要着力从加强组织领导、健全体制、完善法律法规、推进重大防灾减灾工程建设、加强灾害监测预警和风险防范能力建设、提高城市建筑和基础设施抗灾能力、提高农村住房设防水平和抗灾能力、加大灾害管理培训力度、建立防灾减灾救灾宣传教育长效机制、引导社会力量有序参与等方面进行努力。在十年的实践探索中，我们不断完善防灾减灾救灾的"三大体系"，提升"三种能力"，即建立领导决策体系，提高组织能力；建立处置应对体系，提高应急能力；建立全面防范体系，提高保障能力。

·领导决策体系·

国家应急管理部成立

2018年3月13日，第十三届全国人民代表大会第一次会议审议国务院机构改革方案，组建应急管理部，不再保留国家安全生产监督管理总局。为防范化解重特大安全风险，健全公共安全体系，整合优化应急力量和资源，推动形成"统一指挥、专常兼备、反应灵敏、上下联动、平战结合"的中国特色应急管理体制，提高防灾减灾救灾能力，确保人民群众生命财产安全和社会稳定。方案提出将国家安全生产监督管理总局的职责、国务院办公厅的应急管理职责、公安部的消防管理职责、民政部的救灾职责、国土资源部的地质灾害防治职责、水利部的水旱灾害防治职责、农业部的草原防火职责、国家林业局的森林防火职责、中国地震局的震灾应急救援职责，以及国家防汛抗旱总指挥部、国家减灾委员会、国务院抗震救灾指挥部、国家森林防火指挥部的职责整合，组建应急管理部，作为国务院组成部门。

应急管理部主要职责为组织编制国家应急总体预案和规划，指导各地区、各部门应对突发事件工作，推动应急预案体系建设和预案演练。建立灾情报告系统并统一发布灾情，统筹应急力量建设和物资储备并在救灾时统一调度，组织灾害救助体系建设，指导安全生产类、自然灾害类应急救援，承担国家应对特别重大灾害指挥部工作。指导火灾、水旱灾害、地质灾害等防治。负责安全生产综合监督管理和工矿商贸行业安全生产监督管理等。

公安消防部队、武警森林部队转制后，与安全生产等应急救援队伍一并作为综合性常备应急骨干力量，由应急管理部管理，实行专门管理和政策保障，制订符合其自身特点的职务职级序列和管理办法，以提高其职业荣誉感，保持有生力量和战斗力。

按照分级负责的原则，一般性灾害由地方各级政府负责，应急管理部代表中央统一响应支援；发生特别重大灾害时，应急管理部作为指挥部，协助中央指定的负责同志组织应急处置工作，保证政令畅通、指挥有效。应急管理部要处理好防灾和救灾的关系，明确与相关部门和地方各自的职责分工，建立协调配合机制。

考虑到中国地震局、国家煤矿安全监察局与防灾救灾联系紧密，因此划由应急管理部管理。

综合施策。阿坝州以减灾委为主体，以"党委政府统一领导、部门分工负责、灾害分级管理、属地管理为主"的减灾救灾组织领导体制进一步提高防灾减灾救灾能力，在历次重特大地质灾害应对处置中得到检验和提升。随着灾害应对不断深化，逐步从部门单一灾种管理向政府和部门联动、条块结合的综合应急管理体制转变，建立统一的具有危机管理性质的防灾减灾综合管理机构成为必然。国家应急管理部的组建为综合应急提供了制度和组织保障。

明晰主责。州、县（市）党委和政府在灾害应对中承担主体责任，发挥主体作用，坚持分级负责、属地管理为主的原则，进一步明确地方党委和政府应对自然灾害的事权划分。对达到州级救灾应急响应等级的自然灾害，州级发挥统筹指导和支持作用，州、县（市）级政府建立统一的防灾减灾救灾领导机构，统筹防灾减灾救灾各项工作。地方党委和政府根据自然灾害应急预案，统一指挥人员开展搜救、伤员救治、卫生防疫、基础设施抢修、房屋安全应急评估、群众转移安置等应急处置工作。

部门协同。防灾减灾工作是项涉及面广的政府行为，需要各方面的通力合作，健全完善国土、建设、水利、交通、林业、气象、公安、宣传、民政、安全、环保、卫生等相关部门协调联动的组织网络体系，把分层级防治和分行业防治有机结合起来，做到责任明确、配合密切。应急中心或救灾指挥部办公室加强综合协调，搞好组织牵头、灾情收集、信息报送等工作；国土部门抓好地质灾害的监测、防治等工作；气象部门做好天气形势监测、分析，及时准确地提供天气预报；水务部门做好水文测报、汛情监测，以及水利工程建设和修复等工作；经信委抓好水电站的统一调度和工矿企业的防灾避灾工作；林业、环保部门切实抓好生态环境建设；民政、粮食、交通、电力、通信等部门在救灾粮食、机具、燃油、运输、供电等方面做好保障工作；新闻宣传部门搞好抗灾救灾舆论宣传工作。

统筹灾害管理。加强各种自然灾害管理全过程的综合协调，强化资源统筹和工作协调，完善统筹协调、分工负责的自然灾害管理体制，充分发挥州减灾委员会对防灾减灾救灾工作的统筹指导和综合协调作用，强化州减灾委员会办公室在灾情信息管理、综合风险防范、群众生活救助、科普宣传教育、区域交流合作等方面的工作职能和能力建设。发挥主要灾种防灾减灾救灾指挥机构的防范部署和应急指挥作用，充分发挥有关部门和军队、武警部队在监测预警、能力建设、应急保障、抢险救援、医疗防疫、恢复重建、社会动员、宣传教育等方面的职能作用。建立各级减灾委员会与应急委员会、防汛抗旱指挥部、抗震救灾指挥部、地质灾害应急指挥部、森林草原防火指挥部等机构，以及与军队、武警部队之间的工作协同制度，健全工作规程。建立与毗邻省份或区域在灾情信息、应急保障、救灾物资、救援力量和灾后重建等方面的协同联动工作机制。统筹谋划城市和农村防灾减灾救灾工作。

军地联动。健全军队和武警部队参与抢险救灾的应急协调机制。建立地方党委和政府请求军队和武警部队参与抢险救灾的工作制度，明确请示、批准、调动等工作程序。完善军地间灾害预报预警、灾情动态、救灾需求、救援进展等信息通报制度。加强救灾应急专业力量建设，充实队伍，配置装备，强化培训，组织军地联合演练，完善以军队、武警部队为突击力量，以公安、消防等专业队伍为骨干力量，以地方和基层应急救援队伍、社会应急救援队伍为辅助力量的灾害应急救援力量体系。将武警部队有关抢险救援应急力量纳入驻在地应急救援力量和组织指挥体系。完善军地联合保障机制，提升军地应急救援协作水平。

社会力量参与。完善政府与社会力量协同救灾联动机制。坚持鼓励支持、引导规范、效率优先、自愿自助原则，积极搭建社会组织、志愿者等社会力量参与的协调服务平台和信息导向平台。制订完善社会力量参与防灾减灾救灾的相关政策法规、行业标准、行为准则、行动评估和监管体系，加快提高社会力量参与防灾减灾救灾专业化水平。完善救灾捐赠组织协调、信息公开和需求导向等工作机制，落实税收优惠、人身保险、装备提供、业务培训、政府购买服务等支持措施。鼓励、支持和引导社会力量充分发挥各自优势，全方位参与常态减灾、应急救援、过渡安置、恢复重建等工作，构建多方参与的社会化防灾减灾救灾新格局。

专家决策咨询和多方会商。在防灾减灾救灾中发挥专家作用，成立集合各灾种、各专业及相关管理部门专家的顾问团队，建立专家咨询系统。结合信息研判、专业队伍和群众建议，建立会商沟通平台，为快速决策、科学决策提供保障。制定灾情核查工作规则，整合民政、交通、水利、农业、通信、电力等各职能部门力量，分类开展灾情核查，科学评估自然灾害损失，为会商提供决策依据，提高灾害应对决策的科学性、针对性。

· 应对防范体系 ·

 阿坝州地震预警系统建设

自 2012 年起，由汶川县防震减灾局与相关技术部门合作，建成 5 处地震预警系统。一是电视预警系统，于 2012 年 5 月建成，接收终端在汶川县文化体育广播影视新闻出版局，通过电视输出有感以上地震预警信号，向县境内所有电视用户预警。二是汶川县防震减灾局预警系统，于 2014 年建成，接收终端在汶川县防震减灾局，通过广播向威州镇（汶川县委、县政府及县级部门所在地）发送预警信号。三是银杏乡预警系统，于 2015 年 5 月建成，接收终端在银杏乡小学，通过广播向银杏乡学校、乡政府及兴文坪村实行实时预警。四是映秀震中纪念馆预警系统，于 2017 年建成，接收终端在映秀震中纪念馆，可直接向游客预警。五是漩口中学地震遗址预警系统，于 2017 年建成，接收终端在漩口中学地震遗址，可直接向游客预警。该地震预警系统在茂县也有安装。同时，在九寨沟地震灾后重建中，实施地震烈度速报与预警工程。阿坝州境内计划建设台站 139 个（其中基准站 27 个、基本站 30 个、一般站 82 个），涉及全州 13 个县，现已全面展开前期工作。

全方位监测预警。建立自然灾害立体监测体系，灾害监测预警预报体系是提前应对灾害、主动避灾防灾的有效手段和保障。

实地监测。健全完善州、县、乡、村、点五级地灾灾害防范群测群防网络。强化地灾隐患排查，根据排查结果及时修订防灾预案，每处地灾隐患点均落实防灾责任人、监测责任人和监测人员，加强监测预警并强化督导检查，确保地灾防治各项措施落实到位。坚持变被动防灾为主动避让、变临灾避险为提前转移避让和预防避让，将"三避让"制度作为地质灾害防灾避险的刚性措施。加强培训演练，增强人民群众识灾报灾、防灾避险和自救互救能力。

地震监测预报。地震预警系统能在破坏性地震波到达之前给预警目

实时气象监测

标发出警告,有助于及时疏散群众以减少人员伤亡,同时能提示重大工程紧急关停以减少次生灾害的发生,减小经济损失。

阿坝州将以地震预警项目的实施为基础,建成完善的、覆盖全州的地震监测台网,进一步有效应对阿坝州地震频发的震情形势,减轻大震巨灾造成的人员伤亡和财产损失,提升政府灾情判断和应急救援决策能力,提高政府公共服务能力。

气象预警预报。初步建立大气成分、雷电、农业气象、交通气象等专业气象观测网。基本建成比较完整的数值预报预测业务系统,开展灾害性天气短时临近预警业务,建成包括广播、电视、报纸、手机、网络等覆盖城乡社区的气象预警信息发布平台,保证在第一时间准确地全覆盖传递。

水文和洪水监测预警预报。建成由水文站、水位站、雨量站、水文实验站和地下水监测井组成的水文监测网。构建洪水预警预报系统、地下水监测系统、水资源管理系统和水文水资源数据系统。

应急救援队伍。不断完善应急救援队伍建设机制,增强应急救援、运输保障、生活救助、卫生防疫等应急处置能力。初步建立以公安、武警、军队为骨干和突击力量,以抗洪抢险、抗震救灾、森林消防、医疗救护等专业队伍为基本力量,以企事业单位专兼职队伍和应急志愿者队伍为辅助力量的应急救援队伍体系。按照"全州一体、就近处置、分层响应"的原则统筹应急力量,注意应急队伍的统筹调度。各县(市)构建以县人民医院为龙头、县急救中心为枢纽、中心卫生院为支点、乡镇卫生院为依托、村卫生室为网底的医疗服务和应急保障工作体系。在以民兵为主体的群众抢险救援队伍建设中,以中心村为战斗单元,以乡为基本单位,以县为应急综合力量,视灾情逐级调动,实现就近投入、快速反应的要求。

应急预案和演练。健全应急预案体系,从单一灾种应对扩展为系统预案应对,体现预案的针对性,细化不同灾种和不同应对措施。《阿坝州自然灾害应急管理预案》是应对包括地灾在内的自然灾害的总预案,再根据不同灾害细分制订相应的工作预案,同时各部门根据各自职责进一步细化单位预案,从而形成覆盖各种情况的预案体系。预案分层制订,符合各自实际。县乡村、城市社区、重点区域、重点企业以及重点单位、学校都制订应急预案,实行应急预案全员覆盖。根据情况变化不断修订完善预案,形成指挥有序、处置有力、科学调度、反应迅速的应急预案

应急综合演练

体系，提高灾害应急处置能力。积极推进预案建设和演练，组织政府机关、企事业单位、学校、社会组织、社区家庭等开展形式多样、群众喜闻乐见的防灾减灾活动，组织开展防灾减灾业务研讨和应急演练，进一步完善预案，提高预案的实用性和可操作性，增强干部群众对预案的掌握和运用能力。

社会风险防控。对因灾可能引发的问题进行综合分析研判，制订风险防控方案，全方位维护社会大局稳定，将因灾引发社会风险的可能性降到最低。一是司法力量集中统一前置，及时依法打击违法犯罪行为。公安机关加强灾区治安管理和安全保卫工作，预防和打击违法犯罪活动；审判机关坚持"调解优先、调判结合"的原则，妥善处理各类诉讼案件，促进法律效果、政治效果和社会效果的统一；纪检和检察机关全力做好对灾区机关干部不作为、乱作为和恢复重建过程中贪腐行为的预防和查处，加大预防和查办渎职犯罪的力度。二是社会矛盾纠纷的排查化解，引导群众发挥主体作用。组织信访、司法等专门力量深入群众和灾区一线，及时排除化解灾区各类涉灾矛盾纠纷；国安、宣传、民宗部门加强灾区情报信息收集和社会舆论的分析研判工作，及时掌握和解决影响灾区社会稳定的情况和问题；政府公共服务部门采取现场办公，及时进行相关政策解释，办理群众急需的证照补办、证明开具等工作。三是防范可能出现的安全隐患，确保社会整体平稳。在涉及群众安全的领域加大风险隐患排查，避免人为原因造成新的损失或社会不稳定；采取"安全第一、全面评估、主动指导、有序恢复"的原则，符合安全生产条件的企业才能恢复生产，加强重建中安全生产的指导和检查；对疫病防治必须全面考虑、充分预防，坚决避免大灾之后出现大面积疫病或普遍性群众健康问题；在加大市场监管、全面保障应急物资供应的同时，加强质量监管、价格监管，必要时可采取征用物资或发布政府物资调配供应指令，集中力量保证物资供应。

· 保障能力体系 ·

人员培养培训。一是开展领导干部灾害应急管理专题培训。定期或不定期举办州县乡三级干部灾害应急管理专题研究班和州级干部突发事件应急管理研讨班。积极开展公务员灾害应急管理专题培训活动，有效提高各级灾害应急管理人员防范处置自然灾害及各类突发事件的综合素质和能力。二是各类企业和应急救援队伍开展应急救援能力培训。各级政府会同有关部门采取集中培训和自主培训相结合的办法，组织开展对企业负责人、管理人员和各类应急救援队伍的防灾减灾和应急管理培训工作，提高灾害突发情况下实施救援、保护自身和协同处置的能力。三是把防灾减灾纳入干部职工培训规划。州县两级行政学院、干部学院根据人才队伍建设的需要，开设防灾减灾和应急管理的专门培训课程，编撰专门教材。筹建应急管理人员培训基地，对全体干部职工开展普遍性、常态化防灾减灾和应急管理培训。四是把减灾纳入国民教育体系。在义务教育中，根据不同阶段学生特点制订教育方案，经常性开展防灾避灾知识教育，提高学生应急处置能力。充分利用州内外高校和研究机构的人才优势，加强防灾减灾校地合作、院地合作，在人员培训、工程论证、宣传教育等方面借智借力，提高教育培训实效。

物资资金保障。积极推进救灾救援分级管理、救灾资金分级负担的救灾工作管理体制，保障地方救灾投入，有效保障受灾群众的基本生活。建立与中央抗灾救灾补助资金，包括自然灾害生活救助资金、特大防汛抗旱补助资金、水毁公路补助资金、卫生救灾补助资金、文教行政救灾补助资金、农业生产救灾资金、林业生产救灾资金的上下衔接机制，州、县（市）设立应急准备金，按照灾情响应等级和灾情实际确定资金投入量。

健全以州、县（市）、乡镇（社区）三级救灾物资储备库为主体，多灾易灾和偏远乡村救灾物资储备点为补充的救灾物资储备网络体系，完善储备类型，丰富储备种类，提升储备和保障能力。建立完善州、县（市）救灾物资管理信息平台，提高物资调配效率和资源统筹利用水平。加强应急物流体系建设，完善公路、水运、航空应急运力储备与调运机制。完善通信、能源等方面的应急保障预案。充分利用国家天空地一体化应急通信网络，构建覆盖到点的报灾终端体系。配备必要的重大自然灾害监测预警、受灾群众安置、防汛抗旱、人员搜救等装备和产品，提高基层减灾和应急救灾的装备保障水平。建立健全应急救援期社会物资、运输工具和设施装备等的征用和补偿机制。探索建立重大装备租赁保障机制。

避灾能力和场所建设。依据国家防灾减灾工程建设标准，建立完善州级标准，提升灾害高风险区域内，包括学校、医院、居民住房、基础设施及文物保护单位等的设防水平和承灾能力。加强部门协调，明确工作责任，制定应急避难场所建设、管理、维护相关技术标准和规范。充分利用公园、广场、学校、人防工程、体育场馆等公共服务设施，因地制宜地建设、改造和提升为应急避难场所，增加避难场所数量，为受灾群众提供就近就便的安置服务。在乡镇和农村划定地灾灾害危险区，落实安全避险场所，在隐患点明显位置设置安全警示标牌和撤离路线指示牌，明确预警撤离信号，加强安全避险场所引导和运行机制建设。

巨灾保险保障。坚持"政府推动、市场运作"原则，强化保险等市场机制在风险防范、损失补偿、恢复重建等方面的积极作用，不断扩大保险覆盖面，完善应对灾害的金融支持体系。阿坝州由于地广人稀、灾害多发、自我保障能力弱，更需要加快巨灾保险制度建设，重点研究形成财政支持下的多层次巨灾风险分散机制。与相关企业共同研究如何在灾难救助、灾后重建和灾后财政收入缩减等风险面前，以财政政策和或有资金，对冲政府涉灾形成的或有责任。统筹考虑现实需要和长远规划，建立健全城乡居民住宅地震巨灾保险制度；鼓励各地结合灾害风险特点，探索巨灾风险的有效保障模式；进一步完善保险政策和机制，积极推进农业保险和农村住房保险工作；健全各级财政补贴、农户自愿参加、保

汶川县应急避灾广场

费合理分担的机制。

科技支撑能力。统筹减灾委员会成员单位、大专院校、科研机构的科技资源和力量,强化减灾委员会专家智库建设。建立科技支撑防灾减灾救灾工作的政策措施和长效机制。一是提高灾害信息获取、模拟仿真、预报预测、风险评估、应急通信与保障能力。推进运用卫星、遥感、大数据、移动互联网、云计算、人工智能、地理信息等新技术、新方法,特别是灾害遥感监测技术的运用和卫星减灾应用业务系统的支持,为灾害遥感监测、评估和决策提供了先进技术的支持。二是提升防灾减灾救灾科学决策水平和应急能力。开展防灾减灾救灾新材料、新产品的研发和引进,加快发展应急(安全)产业,学习借鉴国际先进的防灾减灾理念和关键科技成果,参与国际与区域间的论坛、培训和科研。三是加强与周边地区的交流,形成区域科技交流合作机制,推进区域防灾减灾救灾能力建设,促进区域协同、技术共享。

宣传教育。各县(市)相关部门认真抓好防灾减灾知识培训和宣传教育工作。采取分片或分点等不同方式,召开干部会、户主会,抓好干部群众对防灾减灾知识的了解运用,提高广大干部群众主动防灾、科学防灾的意识和水平。采取广播、电视、报刊、悬挂标语、设咨询台等方式广泛开展防灾减灾知识宣传。采取集中或分散等形式,全面抓好地质灾害监测人员的培训,不断提高监测人员的责任意识和业务水平,充分发挥好监测人员的"事前预报"作用。进一步推广"三小措施",即发放"一个小本本",宣传防灾减灾知识;配备"一个小包包",做好应急物资储备;开展"一个小演习",调动和发挥人民群众的积极性,增强城乡防灾减灾意识和避难自救能力,普及防灾减灾知识,提高全民防灾减灾意识。

法律法规体系。阿坝州根据《中华人民共和国突发事件应对法》《中华人民共和国防洪法》《中华人民共和国防震减灾法》《中华人民共和国气象法》《中华人民共和国慈善法》《自然灾害救助条例》《国家自然灾害救助应急预案》《四川省自然灾害救助应急预案》等国家、省级相关法律,出台《阿坝藏族羌族自治州突发事件应对条例》《阿坝藏族羌族自治州突发公共事件总体应急预案》等法律法规,随着减灾防灾救灾工作的不断深入,不断完善相关法律法规。一是进一步深化以"一案三制"（应急预案以及应急管理体制、机制和法制）为核心内容的应急体系建设，抓紧制定和完善各有关部门自然灾害应急管理职能的法律法规，将地质灾害应急管理工作全面纳入法制化轨道。二是进一步完善灾害应急法律规范体系，把应对突发事件的公共应急系统纳入法治化轨道。在突发地灾事件导致公共危机，政府动员社会资源应对危机时，贯彻行政应急性原则，依法及时采取公共危机管理所需的各种行政应急措施，确保公民权利获得更有效的保护，公共权力能够有效行使并受到有效制约。

十年沉淀

十年间，不间断的重（特）大地质灾害考验了阿坝州各级党委、政府和各族人民群众，丰富了应对重（特）大自然灾害的经验知识，提升了实施艰巨复杂的应急处置和大规模救援行动的能力，逐步形成了应对地质灾害等突发事件的体制机制。正确认识和科学总结这些艰苦卓绝的实践，从弥足珍贵的经历和过程中，肯定成功的经验，总结其中的不足，提炼出相应的对策和方略，是我们必须要做且一定要做好的工作。

奋进中感悟

·危难之时主心骨·

"5·12"地震发生后不到1小时,党中央立即做出部署,成立抗震救灾指挥部,设立8个工作组;不到3小时,时任国务院总理的温家宝已奔赴灾区;当晚中央召开政治局常委会,全面部署抗震救灾工作。四川省委书记在震后半小时做出抗震救灾工作6条部署,奔赴灾区;其他省领导分别奔赴灾区一线。阿坝州委主要领导在接到汶川大地震的消息后,立即发出4条指令,阿坝州委、州政府下发《关于立即启动破坏性地震应急预案的紧急通知》《关于成立破坏性地震应急救灾指挥部的通知》,全州各县、各部门迅速启动预案,把抗震救灾作为最重要、最紧迫的任务,当天下午举全国之力全面展开抗震救灾工作。

"6·24"茂县山体垮塌灾害发生后,习近平总书记和李克强总理等中央领导人作出重要指示,四川省委、阿坝州委第一时间分别启动应急预案,主要领导立即赶赴茂县新磨村,组织各种救援力量于2小时内陆续投入搜救之中。2017年6月25日00:10,阿坝州委召开指挥部第一次会议,全面安排部署抢险救援相关工作。

"8·8"九寨沟地震于2017年8月8日21时19分发生后,习近平总书记立即做出批示,四川省委书记王东明第一时间要求启动应急响应,派出四川省委省政府工作组赶赴现场指挥,阿坝州委副书记、阿坝州长连夜赶到地震灾区现场。9日凌晨6时,王东明书记在九寨沟机场主持召开四川省抗震救灾指挥部第一次会议,各项抢险救援工作有力有序推进。

各级党委:快速反应、果断决策、有力指挥

重大地质灾害突发时,快速、高效的应急反应是减小灾害损失、形成救援合力的关键和保障。细数国内历次重大自然灾害抢险救灾,在中央、省委的坚强领导下,地方党委、政府应对灾害的反应之迅速、决策之科学、效率之高,都为社会各界所赞叹。

在地震、山洪泥石流、山体滑坡等重大灾害面前,我们取得了非凡的胜利。在这些灾害的处置过程中,第一时间建立了上下贯通、军地协调、全民动员、区域协作的工作机制,紧急调集人民解放军、武警部队、民兵预备役人员、公安民警、医疗卫生人员、新闻工作者、科技工作者等各方面力量赶赴灾区,向灾区运送大批救灾物资,开展抢险救灾工作。从中央到地方各级党委的迅速反应、坚强领导、周密组织、科学调度,展现了强有力的总体指挥能力、群众动员能力、资源调配能力、统筹协调能力和处理突发事件、驾驭复杂局面的能力,使人民群众深切感受到党和政府抗震救灾的坚定决心和对人民群众的深厚感情,极大地鼓舞和坚定了全国各族人民团结一心夺取抗震救灾斗争胜利的勇气和信心。

2008年5月12日14时28分"5·12"汶川地震发生,震后5分钟,从废墟中爬出来的汶川县漩口镇机关干部在该镇党委书记、镇长的召集下,立即做出抢险救人安排,该镇机关党员干部冒着余震不断以及沿途飞石、滑坡、泥石流频发等危险,分组徒步赶到各村,立即组织各村(单位)抢险救灾;组织群众在医院空旷地快速搭建简易治疗棚,第一时间从废墟中救出58人、抢救伤员270余人;安排退伍军人基层干部刘平和、罗奇安于12日15时40分徒步向阿坝州委、州政府和四川省委、省政府报告灾情;12日16时20分,在救人的同时将粮食保护起来,对大米、粮油经营门市店实行重点控制保护,到5月17日救灾粮送达,全镇各族群

众没有出现断粮现象；该镇组织群众向滞留的人员伸出援助之手，支锅熬粥，全力救助过往路人，仅12日当天就接待2000余人。震后第一时间，该镇就将未损坏的漩口镇党委、人大、政府牌子在集镇醒目之处立起来，各族群众在震后恐慌中及时看到了党委、政府与他们在一起，因此有了主心骨，有了安全感。

2018年8月8日21时19分，突如其来的7.0级地震打破了九寨沟夜晚的宁静。位于震中附近的漳扎镇上四寨村受灾较为严重，并且集中了大量游客。仅15分钟，全村34名党员干部就在指定地点集合完毕，漳扎镇上四寨村党支部书记叶当休马上进行安排，立即启动分组救援。一部分党员干部在村内挨家挨户转移受困村民和游客，一部分党员干部冒着山上滚石的危险到公路垮塌严重路段搜救人员。党员突击队共救出被困群众32人，安全转移游客1500余人，村民全部被转移到临时帐篷安置点。由于余震不断、天气多变，党支部组织村子里的年轻人与当地民兵组成了120人的夜间巡逻队，观测山石变化，注意防火防雨，用整夜的坚守，守护村民和游客的平安。

基层党组织：紧急动员、迅速行动、有力组织

在灾害发生时，面对生命受到威胁、家园面临毁灭、群众失落无助，广大基层党组织高高举起党的旗帜，自觉担当起抗震救灾的重任，组建各类"党员突击队""党员抢险队"，用行动诠释"坚强战斗堡垒"的含义。

在这些大灾之中，许多地方与外界失去联系，广大基层党组织立即行动，组织党员群众认真排查每一处倒塌房屋，尽力搜救每一个被困人员，创造了无数生命奇迹；全力组织救治受伤人员，全力展开卫生防疫，全力防范次生灾害，想方设法地安排好受灾群众的基本生活，化解了无数群众的生命危险；带领群众化悲痛为力量，从废墟上勇敢站起来，自力更生、艰苦奋斗，恢复生产、重建家园。在应对这些特大灾难的考验中，广大基层党组织向世人展示了压不垮的战斗堡垒的光辉形象，赢得了人

民群众的高度赞誉。

张朝军，理县通化乡卡子村党支部书记。"5·12"汶川地震发生时，张朝军和另一位村干部正在乡里开会。眼看对岸山体崩塌，他们不顾一切地冲过还在剧烈摇晃的吊桥，组织大家往对岸疏散。400多名乡亲撤到安全地带后，有人告诉他还有一位村民在自己家的院子里被山石击中没有跑出来，张朝军立即带人冲回到处都有飞石的山村。救人途中，张朝军得知儿子被石头击中，但张朝军选择了留下来，一面组织救人，一面叫人赶快到乡里报信，请求救援。下午6时多，张朝军赶到通化乡卫生院看望儿子。然而重伤的儿子没有挺过来，永远离开了他。在"5·12"地震中，他永远失去了儿子，但他把悲伤压在心底，全身心投入抗震救灾和灾后重建。"张书记大公无私，首先考虑的是群众，有他，再大的灾难都挺得过去！"这是乡亲们发自肺腑的心声。

"6·24"茂县叠溪山体高位垮塌，新磨村新村组被掩埋，48岁的颜顺伦临危受命，担任新磨村临时党支部书记。"关键时刻，我一定要把大家团结起来，战胜灾难"，成为有17年党龄的他的第一个念头。他着手组织村民撤离，派人进行监测。夜里9点，200多名村民安全撤离到了叠溪镇中心小学。在颜顺伦的安慰和指挥下，村民擦干眼泪，第二天就选出村民代表加入民兵搜救队，他们有的给武警、消防人员带路，有的帮着运送设备，有的靠手去扒石头、靠人力去拖动捆绑巨石的绳索。没有一个人躲闪，也没有一个人靠边。

党员干部：挺身而出、身先士卒、靠前指挥

在严峻的考验面前，奋战在灾区一线的各级干部以身作则、冲锋在前，用血肉之躯筑起钢铁战线，成为灾区群众的主心骨和贴心人。所有灾区特别是灾情最严重、受灾群众最集中、抗震救灾困难最大的地方，都能看到党员的身影、听到干部的声音。

2008年，在抗震救灾第一线，汶川县有452人"火线"向党组织靠拢；2009年，全县有198名积极分子向党组织提出入党申请；2010年8

火线入党

月14日,映秀等乡镇发生特大山洪泥石流灾害,全体党员冲锋在前,受灾群众紧跟其后,有97人在抗洪抢险第一线提出入党申请,主动要求加入党组织。水磨镇大槽头村村民陈廷吉在入党申请中写道:"我经历了改革开放和'5·12'汶川大地震,充分感受了党和国家的伟大,我志愿加入中国共产党,向党组织靠拢、向党员干部看齐。"

在经历大灾、感受大爱、见证大变化后,广大群众进一步增强了对党组织的认同感和归属感,"感受党的温暖、学习党的知识、加入党的组织"成为灾区群众新的价值取向和人生追求。

各级干部在危难关头率先垂范、无私奉献,以自己的实际行动为广大党员群众抗震救灾做出了表率、树立了榜样。面对特大地震灾害,参加抗震救灾的广大共产党员舍生忘死、无私无畏、勇往直前,充分发挥了先锋模范作用。广大共产党员在危难时刻做到了"豁得出来、冲得上去"。许多党员刚刚从废墟中爬出来,就带着满身伤痛去抢救受伤群众;许多党员把生的希望留给群众,把死的威胁留给自己,用鲜血和生命保卫群众安全;许多党员强忍失去亲人的悲痛,舍小家、顾大家,以非凡的坚强意志投身于抗震救灾。广大共产党员的英勇行为集中展现了新时期共产党人的光辉形象,彰显了共产党员的先进性。

重大自然灾害和突发事件最能检验党的领导水平和执政能力，也最能检验各级党组织的战斗力和共产党员的先进性。在这些非常时期和关键时刻，举国上下、国内海外都深刻感受到"中国共产党是一个立党为公、执政为民、全心全意为人民服务的伟大政党"，看到"中国共产党是一个能与人民心连心、同呼吸、共命运，具有强大凝聚力、感召力的伟大政党"。历次抗击大灾的实践证明，党中央和各级党组织是群众的主心骨。

·生命至上的坚守·

"5·12"地震发生后，时任中共中央总书记的胡锦涛作出"尽快抢救伤员，确保灾区人民群众生命安全"重要指示，后又作出"只要有一线希望，只要有一点生还可能，我们就要做出百倍努力"的指示。尽管72小时的"黄金救援"时间已过去，温家宝总理强调"当前抢救人仍然是首要任务，只要有生还希望，就要抓紧时间救人"。四川省委书记刘奇葆作出"第一，迅速抢救伤员；第二，把灾区受灾群众转移到安全地带；第三，保障受灾群众有饭吃、有衣穿、有住处；第四，维护好社会秩序，确保社会稳定；第五，地震部门要加大监测和预报工作，及时发布有关信息；第六，省级有关部门要迅速行动，采取有力措施组织好抗震救灾工作"重要指示。

"6·24"茂县叠溪镇新磨村发生山体高位垮塌，中共中央总书记、国家主席、中央军委主席习近平立即作出重要指示，要求四川省全力组织搜救被埋人员，尽最大努力减少人员伤亡、防范次生灾害发生，并妥善做好失踪人员亲属和受灾人员的安抚安置工作。中共中央政治局常委、国务院总理李克强做出批示，要求全力组织搜救，尽力减少人员伤亡，并抓紧排查周边地质灾害隐患，尽快转移受威胁群众，防止发生次生灾害。要查清垮塌原因，妥为善后处置。国家减灾委要督促各地切实加强各类灾害防范和安全生产工作。

"8·8"九寨沟地震发生后，中共中央总书记、国家主席、中央军委主席习近平立即作出重要指示，要求抓紧了解核实九寨沟7.0级地震灾情，迅速组织力量救灾，全力以赴抢救伤员，疏散安置好游客和受灾群众，最大限度地减少人员伤亡。目前正值主汛期，又处旅游旺季，要进一步加强气象预警和地质监测，密切防范各类灾害，切实做好抗灾救灾工作，尽最大努力保障人民群众生命财产安全。中共中央政治局常委、国务院总理李克强做出批示，要求抓紧核实灾情，全力组织抢险救援，最大限度地减少人员伤亡，妥善转移安置受灾群众。加强震情监测，防范次生灾害。

"黄金72小时"的每一分每一秒都是时间与生命在赛跑。"5·12"汶川地震发生后，阿坝州委、州政府组织州级各部门、各县1万多名干部迅速赶赴灾区，在最短的时间做到州级干部到县及震中地区、县级干部到乡、乡（镇）干部到村。从州、县机关抽调的339名县级干部分别下派到汶川、理县、茂县的每一个行政村，灾区干部群众不等不靠，立即开展抗灾自救。许多干部不顾失去亲人的痛苦，冒着余震频袭的危险，积极抢救和疏散群众。松潘、若尔盖、九寨沟、黑水、小金、马尔康、红原、阿坝、壤塘、金川等医疗救援队连夜赶到受灾最重的汶川县、茂县和理县开展医疗救助。在救援部队没有到达之前，阿坝州灾区各县干部群众英勇奋战，全力投入生死营救，从地震废墟中搜救出3万多名幸存者，占被救出群众的90%以上。

"8·8"九寨沟地震发生后，在省、州应急指挥部的坚强领导、统筹协调下，调拨省内相关专家赶赴九寨沟县开展医疗救治。各医疗救援组分组、分片、快速、高效、有力、有序地全力营救地震伤员。建立科学转诊机制，与华西医院、四川省人民医院、四川省骨科医院、陆军医院、绵阳地区建立转诊绿色通道。采用空运和车辆转运相结合，坚持"就近（绵阳地区）、就高（三甲以上医院）、属地转运"原则，48小时内将所有重伤员安全转运到成都、绵阳等地。在此次生命救援中，共收治地震伤员525人，均在第一时间得到及时救治。

抢救生命是第一任务。全力抢救生命、全力保障群众生活，始终贯穿于抢险救灾全过程。在灾难面前，从党中央到基层党组织都全力组织救人，科学防范各种次生灾害，最大限度地减少自然灾害对人民生命安全的威胁，体现了生命第一的根本原则。

"7·10"特大山洪泥石流灾害多点突发，据统计，截至2013年7

月15日18时，全州13县和卧龙地区共有98个乡（镇）、17.5万人（18.59万人次）不同程度受灾。因灾死亡16人，失踪20人，受伤34人。发生泥石流、滑坡、崩塌等地质灾害357处（泥石流263处、滑坡45处、崩塌39处），其中威胁群众生命财产安全的重大地质灾害37处。全州共紧急避险转移受困群众39061人，临时安置受灾群众30122人。在形成孤岛的汶川草坡乡救援转移中，争取原成都军区陆航旅支持，开辟成都至汶川草坡乡的"空中救援走廊"，切实保障了群众的生命安全。通过设置临时集中安置点、鼓励投亲靠友、支持自建过渡安置房等方式，积极做好受灾群众的临时安置工作。其中，汶川、茂县、理县、卧龙等重灾区共设立集中安置点39个，安置受灾群众6809人；通过投亲靠友的方式，安置受灾群众13166人。同时，引导群众生产自救，组织青年志愿者和学校教师在安置点建立"作业吧""心理抚慰室""临时幼儿园"等，广泛开展学习辅导、心理抚慰、文体娱乐等活动。确保所有受灾群众有饭吃、有衣穿、有住处，基本生活有保障。为早日恢复正常生产生活秩序，采取州、县、乡、村四级联动的方式，在全州范围内开展安全隐患大排查工作，排查出新诱发的地质灾害隐患点327处，新增防汛安全隐患点296处，完成应急疏浚38.9万立方米，应急解决95051人的饮水困难，为重建打下了安全基础。

"8·8"九寨沟地震发生1周内，为了社会稳定、人民能够迅速回归正常生活，灾区共设置305个安置点，妥善安置2.7万余人，确保没有疫病发生。动员受灾群众参与应急抢险、灾害治理、乡村道路建设等，省内兄弟市提供就业岗位信息7900多条，举行专场招聘会，千方百计拓宽群众就业增收渠道。震后的第9天，九寨沟灾区已经进入恢复重建阶段。"中国效率"在国家的每一次重大事件中熠熠闪光，并一次又一次刷新了"中国速度"的纪录！

转移安置为重头再来。以创新思维解决灾后群众安置这一紧迫的民生问题，针对灾害发生后群众失房、失业等困难，各地党委政府明确提出必须确保受灾群众"有饭吃、有衣穿、有住处、有干净水喝、有病能就医"的目标，用最快速度恢复灾区正常的民生秩序，不断创新工作方法，努力满足灾区群众的基本生活需求。

在中共阿坝州委第九届委员会第六次全体会议通过的《关于扎实推

进灾后恢复重建加快建设美好新家园的决议》中明确指出，在灾后重建中必须把民生问题放在更加突出的位置，大力实施民生工程，切实解决人民群众面临的具体问题，坚持一户一业、一户一策，多渠道扩大就业门路，下大力气狠抓群众的就业工作，对土地灭失的受灾群众，采取工程治理、土地整理、州内安置州外就业、退耕还林、生态移民、自谋职业等方式妥善解决安置问题和长远生计。

在应对"6·24"茂县山体垮塌和"8·8"九寨沟地震的后期重建中，阿坝州委提出，要提升基础服务保障，聚焦提升通达性、安全性，尽快完成受损道路、桥涵修复，加快完善供电水利系统改造升级，努力维护重点区域通信基础设施，加快完成校舍恢复重建和维修加固，加紧恢复医疗卫生机构设施和功能，建立健全就业和社会保障体系，同步推进城乡住房重建，切实增强灾区发展支撑保障能力。

民生之重在每一个环节。从关系民生的重大问题入手开展灾后重建工作，面对千头万绪的重建难题和方方面面的重建任务，始终按照"民生优先"的科学理念，鲜明地提出从解决关系民生的重大问题入手推动灾后重建各项工作。

改善民生是社会建设的重点，在灾后恢复重建的过程中，保障民生更具有特殊的重要性和紧迫性。每一次灾后重建，都围绕带动灾区群众持续稳定就业增收，科学有序推进产业重建，加快推进重大基础设施重建，既解决群众迫切的民生问题，又为灾区的长远发展打下坚实基础。

纵观阿坝历史，各族群众始终与自然灾害相伴、同自然灾害抗争，并在抗击自然灾害中发展。汶川特大地震发生以来的一系列地质灾害，其灾害之重、救灾之难，世所罕见，但在抗灾减灾过程中，阿坝州委、州政府带领各族群众不仅取得了抗震救灾的胜利，创造了人类救灾史上的奇迹，而且以全面践行以人为本的执政理念、全力保障和改善民生的生动实践，为应对重大自然灾害提供了宝贵经验。

·万众一心的力量·

"5·12"地震发生后短短3天，解放军和武警部队投入救灾的现役部队达95553人、民兵预备役部队达36174人,出动军用运输机、直升机飞行近300架次;1周之内,全国各地奔赴灾区的志愿者仅登记的人数就达106万;在4个月的时间内(截至2008年9月25日12时),共接收国内外社会各界捐赠款物总计594.68亿元,实际到账款物总计594.08亿元。在3年重建中,灾区纳入国家重建规划的29700个重建项目开工率达99.3%、完工率达85.2%,概算总投资8613亿元已完成85.6%,共计7365.9亿元,圆满完成中央"三年重建任务两年基本完成"的目标。

不断提高的动员能力。一方有难,八方支援,是社会主义新型人际关系的生动体现,充分反映了社会主义大家庭的温暖。我国社会主义制度确立以来,"同舟共济、共渡难关"的社会主义新型人际关系、集体主义精神、社会主义人道主义精神,始终贯穿于灾害救助各个阶段,国家的组织动员能力得到充分展示。

众多国外媒体在对"5·12"汶川地震的报道中充满感慨,美国有线电视新闻网评价:团结和爱国浪潮席卷中国,在这次地震中,中国人民展现出了深深的同情心,他们是一个团结的民族,紧紧联合在一起。西班牙《世界报》发表文章《一个摧不垮的民族》:正是这些志愿者、战士和救援人员不屈不挠的精神,把这个已经无数次遭受过外来入侵和各种灾难的国家一次又一次地从废墟中拯救过来。俄罗斯国际新闻通讯社发表题为《中国,挺住!》的文章:汶川地震让半个亚洲震动,让整个世界震惊。中国经历的磨难太多,但从没在磨难中倒下。面临灾难,中国展现出坚韧与顽强,珍视生命,中国赢得了全世界的敬意和赞扬。实践再一次有力地证明,中华民族具有高度的凝聚力,历经曲折而愈挫愈勇,饱受磨难而自强不息;中国特色社会主义制度具有巨大的优越性,能够集中力量办大事、团结各方渡难关;13亿中国人汇聚起巨大的爱的暖流,展现了中华民族万众一心、众志成城的力量。

民众的力量。在大灾面前,不同地区、不同民族、不同团体、不同阶层的民众相互支持、相互帮助、共同发展、同舟共济、共克时艰。特别是"5·12"地震发生后,从中央到地方,从国家领导到普通群众,全国人民自觉行动起来,立即开展支援灾区的行动,到处排着捐款捐物的长龙,到处都是排队献血的感人场面,充分体现了社会主义大家庭的温暖,

"灾难无情、人间有爱""一方有难、八方支援",成为地震灾害发生后响彻在中国大地上的最强音。

受灾群众住进了新房,公共服务设施全面上档升级,重建城镇初展新姿,基础设施得到根本性改善,产业发展得到优化升级,防灾减灾能力显著提高。这一切无不体现出全国各级党组织和广大党员干部想灾区之所想、急灾区之所急,视灾区群众为亲人,视支援灾区为己任,处处涌动的爱心大奉献、共克时艰的社会主义大协作,汇聚成全民族风雨同舟、生死与共的强大合力。

·热情在规律下闪光·

在抗击地质灾害时,由于时间紧、头绪多、情况紧急,必须要快速、高效组织起来,做到科学统筹、科学救灾、科学应对。应对自然灾害必须坚持科学精神,尊重自然规律,利用自然规律,科学应对灾难,科学避灾救灾,科学重建发展,这成为各级党委政府在应对灾害时遵循的基本原则。

自"5·12"汶川地震以来,各级党委、政府不断总结,为科学组织灾后救援积累了宝贵经验。"6·24"茂县山体垮塌后,从中央到地方全员行动,救援指挥部很好地处理了以下几个关系:一是正确处理搜救与防护的关系。此次茂县叠溪镇新磨村山体高位垮塌,垮塌方量巨大,约800万立方米,最大落差1600米,河道平面2500至3000米,堵塞河道约2公里。救援现场降水不断,极易诱发山体滑坡、崩塌、飞石等次生灾害。参与搜救和救援的人员较多,分布较广,要防止降水造成垮塌区继续垮塌,对搜救人员构成生命威胁。在搜救组织上,安排人员随时观察和掌握垮塌区的情况,遇到险情及时组织人员疏散撤离。二是正确处理交通与抢险的关系。一方面,在抢险救灾中发现有重伤员,经过当地紧急处理后,可能需要及时向成都方向转运,以保证重伤员的救治效果,因此需要保证顺畅的交通;另一方面,参与抢险救灾的各类重型机械设备要及时抵达灾区,也需要保证交通顺畅。交通运输线就是生命线,交通顺畅才能保证救灾的及时有效。因此,加强了对都江堰至茂县路段的交通管制,提醒外地车辆避免进入灾区,提醒该路段私家车辆及时避让抢险救援车辆。三是正确处理主灾与次灾的关系。震后主要任务是全力搜救被埋人员,尽最大努力减少人员伤亡,并妥善做好失踪人员亲属和受灾人员的安抚安置工作。但当时岷江支流松坪沟河道已堵塞2公里,容易形成堰塞湖。因此需要抓紧排查周边地质灾害隐患,尽快转移受威胁群众,防止发生次生灾害。各级党委、政府统筹兼顾、科学组织,不仅做到了对被埋人员的得力搜救,同时避免了次生灾害的发生。

科学统筹。灾害发生后,各种请求不断发出,各项任务都紧迫而重要,各种救援力量不断赶赴现场,千头万绪、时不我待。这时就需要对减灾防灾救灾规律的熟练掌握和正确运用,迅速分出轻重缓急,科学统筹、全面部署、系统指挥。而处置的速度和效果反映着指挥者、实施者的经验积累和对救灾规律的熟识程度。

科学重建。灾后重建事关经济社会的长远发展,必须坚持科学重建;灾后重建是复杂的系统工程,必须实现科学管理;重大自然灾害的灾后重建工作集经济、政治、社会、文化、环境建设于一体,系恢复与发展、当前与未来于一身,必须科学组织。

在历次灾后重建中,全州各级党委、政府都努力坚持灾后重建与科学重建的统一。"5·12"灾后重建确定"三年基本恢复、五年发展振兴、十年全面小康"的总体目标,明确"深入贯彻科学发展观,牢牢把握全省工作总体取向,坚持以人为本、尊重自然、统筹城乡、科学重建,把建设物质家园与建设精神家园结合起来,以科学规划为前提,以优先解决民生问题为基点,以住房重建、设施重建、产业重建、城镇重建、生态重建为重点,以政策支持、体制创新和开放合作为动力,调动一切可以调动的积极性,整合一切可以整合的资源,建设人民安居乐业、城乡共同繁荣、人与自然和谐相处的社会主义新家园"。

在重建中,一方面坚持规划优先,精心规划、科学规划,以有利于综合防灾、有利于生产生活、尊重群众意愿为前提;另一方面坚持科学组织,在重建过程中通过设立由有关建设单位参加的重建管理委员会,确保建设质量,发挥纪检监察、财政、审计等专门监督作用,并组建由人大代表、政协委员、群众代表、专家等组成的监督委员会来确保重大决策制定和重点项目运作的公正透明。同时,坚持科学管理,坚持质量并重以及质量与速度相统一。

在"8·8"九寨沟重建中，明确科学重建、绿色重建、人文重建、阳光重建要求，为加快重建进度，对重建项目的审批实行从省州前移到县。在灾害发生不到9个月时间内，项目开工率达到52.94%。严格监督检查，加强重建全过程审计跟踪和动态管理，对重建资金和重要物资的筹集、分配、拨付、使用等情况重点跟进，定期公布审计结果，主动接受社会监督，确保灾后恢复重建全过程公开、公正、透明，对违法违纪行为"零容忍"。

在汶川抗震救灾中，成功破解了大力度抢救生命、大数量应急安置、大范围防病防疫、大规模恢复重建等一系列世界性难题。在"8·14"汶川泥石流灾害、"6·20"芦山地震、"6·24"茂县叠溪山体垮塌、"8·8"九寨沟地震等灾难应对中，表现得更加成熟冷静、更加尊重自然、更加科学高效。经过十年救灾斗争实践，形成了科学决策、科学组织、科学救援、科学安置、科学规划、科学重建的一整套体制机制。

·防灾患于未然·

自然灾害存在突发性、不可抗性的特点，加强预测预警和防灾抗灾减灾能力建设是现代防灾减灾的有效手段，也是有效保护人民群众生命财产安全的有力保障。

在信息化手段广泛运用的时代，自然灾害尤其是气象灾害已经可以准确预警，但对于地震、滑坡、泥石流等自然灾害的预警效果目前还不理想，但并不代表我们在大自然面前就束手无策。尤其是对于滑坡、泥石流等自然灾害，更是可以采取一系列措施，最大限度地减少损失。

秉承主动防范理念。十年来，全州上下切实加强灾害风险管理。以未雨绸缪、居安思危的思想，加强对自然灾害频发地区的风险评估和预警工作，主动预防、积极避让、有序应对。镇、村作为自然灾害监测的基层基础，在各村设置自然灾害监测员，风雨无阻地监测排查各类自然灾害。乡镇、村干部带头深入各监测点进行监测，同时积极走访群众，向群众了解相关隐患情况。以村为单位，分门别类地建立自然灾害隐患台账，并实时进行更新。结合实际建立灾情情报信息分析研判机制，主动监测排查和研究，变被动为主动，在灾害真正来临时能最大限度地减少损失。作为地质灾害多发地区，不断总结各类自然灾害发生规律，利用现代手段加强相关数据的收集和分析，特别是对地震、山体滑坡等灾害，建立专业队伍与群众参与的监测机制，尽可能全面地收集信息，对一些预兆谨慎对待，及时采取防范措施。对"7·26"九寨沟双河甘沟泥石流、"4·8"汶川龙溪山体滑坡等成功预警案例进行总结，提高预警预测能力。

平战结合的演练。提高社会大众自救互救的意识和能力在应对自然灾害中是一项基础性工作。加大群众防灾救灾教育力度，加强应急演练，明确灾害应对办法、逃生线路、避灾场所等。灾害一旦来临，能够从容处置，尽可能地减小损失。基层领导干部带头参与，广泛开展以发生多种严重威胁群众生命财产安全的自然灾害为背景的应急演练，提高广大群众的防灾意识及应急处置的快速反应能力，最大限度地减轻地质灾害造成的损失，切实维护人民群众生命财产的安全。

备灾为减灾。按照"统一领导、综合协调、分类管理、分级负责"的原则，以乡镇为单位、村组为成员，建立分工细、职责明、纪律好的应急抢险队伍以及一套程序清晰、综合协调良好的管理组织体系，确保自然灾害发生时，各岗位有人员、有预案、有安排、有保障。对于地广人稀、交通不便的地区，按要求配备相应的抢险应急物资，并定期对各类物资进行抽查，确保抢险物资在自然灾害发生时真正为抢险所用、为群众所用。

时刻做好备战准备，拉紧群众生命财产安全这根弦，尊重自然规律、利用自然规律，做好防灾减灾工作，才能在自然灾害发生时及时有效应对，最大限度地减少灾害造成的损失，最大限度地确保人民群众的生命财产安全，维护社会稳定，真正做到为群众服好务。

·精神在灾难中升华·

在2008年"5·12"汶川大地震发生后，我国媒体对灾情和救灾工作进行了全方位报道，在满足群众知情权的前提下，体现了全国人民众志成城、抗震救灾的意志，主导了世界的话语权。充分利用现代信息网络的优势作用，科学准确地报道、发布震情和灾情，在很短的时间内就消除了人们的各种猜测和心理恐慌，保持了社会稳定。事实上，汶川特大地震发生后不久，国家有关部门就迅速通过新华社向社会发布了消息，并及时发布各地的震感信息，使公众很快就知道了事情的真相，避免了恐慌发生。阿坝州也在第一时间向公众发布了权威信息。像任何一次突发事件一样，汶川特大地震发生后，同样也有谣言传出，比如"北京当晚会发生余震""灾区还会发生大的余震"等。针对这种情况，阿坝州地震局很快进行了辟谣，在政府权威的信息面前，谣言立刻停止了传播。

2008年6月20日，胡锦涛总书记在人民日报社考察时，对于"5·12"地震中的媒体作用如此评价："在这次抗震救灾斗争中，我们及时公布震情灾情和抗震救灾情况，深入宣传抗震救灾中涌现出来的先进集体和模范人物，大力弘扬抗震救灾的伟大精神，为鼓舞广大干部群众坚定信心、团结一致做好抗震救灾各项工作发挥了重要作用，赢得了广大干部群众高度评价，也得到了国际社会好评。其中的成功经验值得认真总结，并要形成制度长期坚持。"

抗击自然灾害的舆论氛围。由于自然灾害影响人们的正常生产生活，造成巨大的财产损失和人员伤亡，因此备受社会的关注。作为媒体，聚焦灾难不仅是职业责任，更是社会义务。但是，灾难性报道非常敏感，容易触发社会不良情绪。因此，媒体应坚持"团结稳定鼓劲、正面宣传为主"的报道原则，在报道灾难新闻时需要注重导向性，体现健康向上的主旋律。灾后的新闻报道，首要任务就是稳定人心，使社会舆论有利于救灾和灾后重建，这就决定了应以正面报道为主。正面报道，主要是指在报道内容上，抓住具有冲击力和感染力的场面、细节，坚定救灾信心，呼吁社会各界团结一致进行救援和捐助。

"5·12"汶川地震发生后仅7天内，新华网、人民网的手机报和央视网的手机电视就已累计发稿71期、3000多条。特别是新华网和中国移动、中国联通合作推出的抗震救灾手机报和抗震救灾快讯，专门为四川灾区1500万移动用户、700万联通用户免费定制，为抗震救灾提供了优质的信息服务和有力的信心支撑。

"8·8"九寨沟地震发生后,媒体将镜头对准在抢险救援中平凡而感人的先进人物:来到医院当志愿者的母女3人、给救援途中官兵们端来热腾腾牛肉面的饭店老板等。"一方有难,八方支援",让人震撼、感动。特别是对"最美逆行者"照片的报道评论,更是折射出大灾面前不同群体全力以赴、不计安危的闪光点。满满的正能量,让社会各界保持着高昂的士气。

鼓舞士气再出发。做好新形势下突发事件的舆论引导工作,要善于统筹媒体资源,形成整体合力,积极发挥包括网络媒体等在内的各类媒体的作用,迅速快捷地传达党和政府的声音,及时全面地反映人民群众的心声,唱响主旋律,使人们从灾难中看到光明与希望,树立战胜灾难的信心与勇气,从而凝聚全民力量,万众一心,抗灾救灾。

胡锦涛同志在抗震救灾工作会议上指出:全国各地区各部门和社会各界大力发扬"一方有难、八方支援"的精神,调集大批人力、物力、财力支援灾区抗震救灾,向灾区人民送温暖、献爱心,充分体现了万众一心、同舟共济的伟大民族精神。"自强不息、顽强拼搏,万众一心、同舟共济,自力更生、艰苦奋斗"成为抗震救灾精神。抗震救灾精神是这一切高贵美好的品格在共同抗击自然灾害的殊死搏斗中所形成的交汇点、时代精神和民族精神的交汇点、社会主义和爱国主义以及集体主义的交汇点、革命英雄主义和社会主义人道主义的交汇点。它使我们看到了波澜壮阔的改革开放时代中华民族精神的一次伟大升华。

全党、全军、全国各族人民在共同抗击"5·12"汶川特大地震灾害中锻造出伟大的抗震救灾精神是一笔宝贵的精神财富,成为中华民族传统精神在新时期的凝结和升华,成为当下中国人民思想品格和精神风貌的最新写照。

精神在灾难中升华。每一次大灾之后,感人肺腑的抗灾故事,感天动地的人民品质,总是让人们的情绪久久不能平息。一次次自然灾害的严峻考验,砥砺我们的精神品格。媒体宣传就要将这种积极的认识进一步引导升华,成为一种强大的精神财富。

从"5·12"汶川地震到现在的十年间,在历次重大自然灾害救灾和重建中,我们看到党中央和国务院在抗震救灾中发挥着强有力的组织领导作用。向灾区调拨大批赈灾物质,下拨重建资金,不仅见证了改革开放40年来所取得的巨大成就，而且彰显了社会主义集中力量办大事的优越性；来自全国各地的民间支援队、医护人员、无数志愿者和灾区人民一道英勇顽强地奋战在抗震救灾第一线，全国各族人民以不同的方式对灾区鼎力相助，表达对灾区同胞的友爱关怀，为赢得历次救灾和重建的胜利奠定了坚实的基础。国家主导作用的发挥是创造抗震救灾精神的前提和保障，人民群众主体地位的发挥是形成抗震救灾精神的动力和源泉，两者紧密结合所锻造的伟大抗震救灾精神彰显了国家制度的优越性和人民的历史主体性。在历次重大自然灾害的抗击过程中，抗震救灾精神不断丰富、不断升华、不断传承，昭示着中华民族数千年的历史积淀而形成的思想品格、价值取向及道德规范的现代合理价值日益深入人心，中国传统文化中自强不息、厚德载物、忧国忧民、以德化人、和谐持中等思想在艰难困苦中得到很好的传承，每一个中国人的思想不断得到洗礼和升华。

案例启迪

应急演练的实战运用
——阿坝州"7·3"特大山洪泥石流抢险救灾

2011年6月22日,由阿坝州人民政府主办、汶川县人民政府承办,在映秀镇举行了阿坝州突发性地质灾害综合应急演练,设置指挥决策暨监测预警、群众紧急避险转移、抢险搜救和道路抢通保通4项演练科目。全州13个县、223个乡镇党委、政府以及州、县有关职能部门主要负责人现场观摩演练,映秀镇周边1500余名群众现场观摩演练。

演练结束后,中共阿坝州委、州政府要求切实转化演练成果,将演练的成功做法和经验转化为应对灾害的能力。各县、乡镇、有关职能部门认真贯彻落实,加强应急准备、完善应急流程、强化业务训练,积极筹备和开展本地区应急演练。

2011年7月2日开始,强降雨天气袭击阿坝州大部分地区,全州13个县、68个乡镇、9万余人受灾,发生泥石流等地质灾害101处,导致道路多处阻断,农牧业、工业、基础设施严重受损。面对严重的灾情,全州各级党委、政府依托多次应对处置重特大突发事件积累的经验和常备不懈的应急准备,按照"6·22"综合应急演练处置突发性地质灾害的应急流程,在灾前灾后迅速展开有条不紊的应对处置工作,坚决保卫了人民群众的生命财产安全,坚决保卫了灾后重建成果。

指挥决策暨监测预警高效到位。根据对降雨趋势的准确判断，阿坝州气象局及时启动暴雨天气Ⅲ级应急响应，自2011年7月2日以来连续发出1期暴雨橙色预警、3期黄色预警、3期重要天气警报，对强降雨和地质灾害危险等级做出了准确的提前预报。

州、县、乡三级党委、政府进入临战状态，坚持24小时应急值守，先后7次通过应急对讲、网站、手机短信、电视广播等手段，第一时间将预警信息传达到乡镇、村组、农户、企业、一线施工队伍和学校、医院等人口密集场所，为做好应急准备奠定了基础。

州、县党委、政府负责同志及相关部门立即组成工作组，深入各重点隐患地区，指挥应急抢险工作。灾情发生时，每一个灾害点都有党委、政府的主要领导或分管领导在现场指挥。

综合救援、消防、民兵、公安、医疗、交通、公路、爆破、通信等各行业应急队伍全部启动应急预案，队伍集结、人员待命、物资到位、机械充足，各应急队伍取消一切休假，枕戈待旦，随时准备出动抢险。

群众紧急避险转移及时有序。2011年7月2日23时10分，茂县接到阿坝州政府总值班室的预警通知，县、乡党委、政府迅速转移了受威胁地区的1000余名群众。

7月3日凌晨，茂县南新镇棉簇村发生特大泥石流灾害。由于提前转移群众，避免了重大人员伤亡。

7月3日中午，暴雨袭击汶川县银杏乡，该乡罗圈湾出现暴发大规模泥石流的征兆，坚守现场的县、乡干部果断决策，于灾前安全转移疏散本地群众510人和滞留该段国道上的1778名旅客及外来务工人员。下午3时许，泥石流爆发冲进岷江形成壅塞体，致使岷江河水冲向国道213线，近400米路基完全被毁，邻近的开关站、铁塔、汶川特大地震遗址房中石等被冲毁，但无一人伤亡。

7月3日至7月4日，汶川县漩映地区大雨滂沱，漩口镇八角庙村、群益村、小麻村、红福山村、水田坪村等相继告急，阿坝铝厂、立敦电子等企业厂区进水，镇、村干部迅速行动，安全转移当地群众和企业工人2650人，无一人伤亡。

7月3日晚，因汶川县水磨镇中学右侧的二村沟水位即将越过防洪堤，严重威胁全校师生安全，水磨镇党委、政府立即派人协助水磨中学快速转移学生，确保了全校师生的安全。

7月4日凌晨4时许，"6·22"综合应急演练地汶川县映秀镇张家坪突然发生山坡塌方，大量泥石涌入岷江河道。由于担心紧邻映秀镇的春天坪也发生塌方，导致河道壅塞，矗立在映秀镇二台山顶的防空袭电声警报首次拉响，附近中滩堡村、枫香树村、张家坪村、黄家村、渔子溪村共1824名群众按照紧急避险线路，紧急疏散到当地最高的台地二台山上。上午8时10分左右，渔子溪附近又出现泥石流险情，可能导致河水漫堤。随即，疏散警报第二次响起。中午11点，暴雨停止，第二次警报解除。虽然险情接连出现，但及时的群众疏散确保了无一人伤亡。

与此同时，阿坝州和辖区各县及时将因道路中断而滞留境内的6200余辆车辆、3.8万余名旅客安全疏散，确保了人民群众的生命安全。

抢险搜救专业快速。2011年7月3日凌晨，在茂县南新镇棉簇村，正在紧急转移的鑫盐化工厂27名员工被突如其来的泥石流困在严重受损的宿舍楼中。接警后，茂县综合应急救援大队（茂县公安消防大队）10余名官兵紧急行进18公里，于次日00：45到达灾害现场，立即采取"6·22"综合应急演练使用的横渡救援作业，顶着狂风暴雨，历时1小时左右，将27名被困人员全部安全救出。

7月4日13时20分左右，距汶川县映秀镇约4.5公里的一座桥梁路基被泥石流冲毁，多名群众被困在河中心断桥的桥面上。桥下波涛汹涌，场面十分惊险。汶川县综合应急救援大队映秀镇消防站6名官兵迅速出击，徒步抵达现场，救生抛投器、螺旋救助绳，综合应急演练的场面再现，大绳横渡救人再显神威，成功营救出36名群众。随后，映秀镇政府调派的挖掘机赶到现场，消防官兵在挖掘机的协助下，成功营救出剩余的45名被困群众，救援行动于17时40分圆满结束。

道路通讯抢通保通科学有力。2011年7月3日，国道213线汶川县银杏乡罗圈湾段近400米路基被洪水冲毁，经汶川方向进出阿坝州的主干道路受阻，"震中生命线"自汶川特大地震以来第6次中断。阿坝州委、州政府迅速在网站、报纸和电视上发布关于车辆绕行的公告，在州内各主要交通枢纽点进行临时交通管制，劝导驶向汶川方向的车辆绕行，为抢通保通创造了条件。

四川路桥、阿坝交通、阿坝公路等单位部门迅速行动，调集挖掘机、装载机、自卸车、混凝土四面体等，"扩龙口、改河势、填路堤、抢通道"，大规模的抢通保通战斗立即打响。截至7月4日，阿坝州共投入抢险人员2417人次，投入各种抢险机械1020台班，抢通4条国、省干线公路55处，除汶川县银杏乡罗圈湾段仍在全力抢修外，其余受阻道路均已抢通。

灾情发生后，抢险救灾、生产生活均需要成品油，随着主干道路受损，成品油运输供应受阻。"为阿坝抢险救援加油！"中国石油四川岷江销售分公司喊出响亮口号，立即启动抢险救灾应急预案，组织"抢险救灾油品保供突击队"兵分三路向茂县、汶川受灾地点集结。"先使用、后付费"，一切为抢险救灾服务，突击队不畏艰险，优先配送，确保了抢险机械推进到哪里，油品就供给到哪里。

受灾后，有61座基站退服、58皮长公里通信光缆受损、10个乡镇通讯中断。中国电信、中国移动、中国联通的应急通信车迅速抵达灾区，搭建起抢险救灾的"信息生命线"。青年突击队、党员抢险队以及3家通信企业的应急队伍迅速抢修受损基站、恢复中断电缆，灾区的通信重新恢复。

在突如其来的自然灾害面前，由于应急指挥系统、各级党委和政府制定的应急预案翔实、可行，加上实战化演练、普遍性教育，群众防灾意识和能力增强，最大限度地减小了人员和财产损失，最快速地开展应急救援，将灾害带来的危害降到最低。

有序组织下的自救与驰援
——芦山"4·20"地震阿坝州抗震救灾

2013年4月20日，雅安市芦山县发生7.0级地震，震中距阿坝州小金、金川、汶川等县较近，致使阿坝州6个县、84个乡镇88651人受灾、2人死亡、2人失踪、67人受伤，紧急转移安置567人，部分县农业、畜牧业、工业和通信企业、道路交通、旅游设施、水利设施、市镇基础设施、生态环境等受损严重，直接经济损失达 21.8 亿元。在此次抗震救灾行动中，通过有序有力部署、快速全面落实，不仅在最短时间内完成了自身抢险救灾工作，而且快速驰援雅安，体现了全州上下抗灾救灾能力的全面提升。

高效应对。震后，阿坝州委、州政府紧急行动，及时组织受灾较重的小金、金川、马尔康 3 县开展应急自救，全力开展救治伤员、转移群众、抢通保通、防治次生灾害等工作，努力减少灾害损失。

一是迅速启动应急响应。阿坝州委、州政府迅速启动地震应急响应，立即做出安排部署，主要领导快速赶赴小金、金川、马尔康、汶川、理县、茂县查看灾情，组织指挥抢险救人、安置群众、防范次生灾害等工作。组织人员搜救、医疗救援、道路抢险、通信保障、灾情调查等专业应急队伍 15 支 200 余人、救护车辆和抢险机具等 45 台，分赴灾区开展工作。

二是妥善安置受灾群众。及时发布抗震救灾信息，进村入户开展宣传教育，积极引导群众不造谣、不信谣、不传谣，最大限度地降低和消除群众的恐慌情绪。根据灾情，紧急调运发放帐篷 270 顶、棉被 1000 床、衣物 2500 件，护送群众投亲靠友，全面转移、妥善安置受灾群众，切实解决受灾群众的吃饭、穿衣、居住等问题。同时，紧急疏散四姑娘山景区游客 400 余名，将台湾海峡交流基金会 9 名客人安全护送出州。

三是准确核查统计灾情。按照"实事求是、科学分类、反复校核"的原则，及时安排灾情统计人员深入受灾地区，对人员伤亡、财产损失、次生灾害等情况进行全面统计，分门别类地建立台账，全面收集受灾实物、数据、图片等资料，努力做到"县不漏乡、乡不漏村、村不漏组、组不漏户、户不漏人"，力求核准、摸清受灾情况，确保统计数据真实、全面、准确。

四是严密防范次生灾害。及时抢修交通、水利、电力、通信等行业受损基础设施，对涉险区域的企业予以停产检查，督促企业及时维修、更换受损设施设备。对学校、医院等人员密集场所进行全面安全评估，对电站、水库等重点部位进行安全鉴定和密切监测。组织国土资源、水务、城乡建设等行业的专业力量，加大对公路、河道沿线地质灾害及隐患点的监测、排查和排危力度，强化对建筑工地、厂矿企业等的安全检查，及时消除安全隐患。

五是切实维护社会稳定。迅速组织经信、商务等相关部门加大物资的调运力度，坚决防止和打击囤积居奇、哄抬物价等行为，切实维护人民群众正常的生活秩序。严厉打击盗窃、抢劫等违法犯罪活动，特别是传播谣言、制造恐慌、趁火打劫损害群众利益等违法犯罪行为。加大重点区域、重要场所的巡防力度，严防别有用心的人借机扰乱和破坏社会秩序，全力维护社会稳定。

紧急驰援。为发挥阿坝州在历次地震中积累的抗灾救灾经验，顾全大局、感恩回馈，经阿坝州委、州政府研究决定，由2名州级领导带队，组织22支应急抢险救援队伍共764人，分批紧急赶赴宝兴和芦山重灾区，执行救援抢险任务。

一是抢通保通"生命线"。组织100余名抢险人员、8台大型机具，连续奋战26小时，于2013年4月21日11时抢通省道210线小金至宝兴县城的"生命通道"。同时，加强道路交通管理，全力做好保通保畅工作，为宝兴重灾区抢险救援工作争取时间、创造条件。

二是扎实开展医疗救援。派出8支医疗救援队、74名救护队员、3台移动诊疗车、10台救护车，携带价值41万余元的药品及医疗器械分赴芦山县和宝兴县开展医疗救援工作。救治伤病员734人次，实施清创缝合手术59例。

三是全力做好搜救工作。组织黑水、汶川、小金等地应急民兵及阿坝军分区官兵共480人，携带应急救援装备、药品及物资，赶赴雅安灾区执行应急救援任务。其中，第一批165名应急救援队员（包括20名医疗救护人员）率先徒步进入宝兴县井研乡和穆坪镇执行救援任务；第二批315名应急救援队员在芦山县龙门乡执行临时安置群众、转运物资等救援任务。先后调集67名公安消防支队（综合应急救援队）轻行搜救队员，携带专业应急救援装备及物资，徒步进入宝兴县开展救援工作，成功搜救2人、疏散转移410人。

四是其他抢险救援工作。组织电力抢险队伍2支47人、14台抢险车辆，于7月21日中午抵达宝兴县执行电力抢险和应急供电任务；组织通信救援队伍5支51人、20台应急通信车辆，于7月20日晚抵达宝兴县开展通信抢险和保障工作；组织石油保障队伍2支7人、2辆流动加油车前往宝兴县开展救援工作；抽派5名防震减灾技术人员，于7月20日抵达宝兴县蜂桶乡等乡镇，协助开展灾情核查和防震减灾宣传教育工作。

处置总结：

响应迅速是关键。事件发生后，阿坝州委、州政府迅速启动地震应急响应，按照应急预案组织开展救灾工作。主要领导及时赶赴小金、金川、马尔康、汶川、理县、茂县查看灾情，受灾各县第一时间组织展开先期救援工作，州、县各类专业应急队伍紧急出动，确保抢险救灾顺利推进。

以人为本是核心。震后，阿坝州第一时间组织力量，全力开展救治伤员、转移群众、抢通保通、防治次生灾害等工作，努力减少人民群众的生命财产损失。共紧急转移安置群众567名，疏散游客400余名。

隐患排查是基础。灾情发生后，州、县业务部门立即对涉险区域的企业进行停产检查，督促企业及时维修、更换受损设施设备。对学校、医院等人员密集场所进行全面安全评估，对电站、水库等重点部位进行安全鉴定和密切监测。组织国土资源、水务、城乡建设等专业力量，加大公路、河道沿线地质灾害及隐患点的监测、排查和排危力度，强化建筑施工塔吊、安全防护网、脚手架等的安全检查，及时消除安全隐患。

守望相助是义务。阿坝州在历次大灾难中，正是得到各方面的关心帮助，才能快速开展抢险救援，快速从灾害损失中走出来。在其他地方受灾时，阿坝州一方面做好自救，一方面全力以赴帮助灾情更重的地区。震后第一时间组织100余名抢险人员、8台大型机具，全力抢通保通"生命线"——省道210线；组织黑水、汶川、小金等地应急民兵及阿坝军分区官兵480人，携带应急救援装备、药品及物资，赶赴雅安灾区执行应急救援任务；组织电力抢险队伍2支47人、14台抢险车辆，执行电力抢险和应急供电任务；组织通信救援队伍5支51人、应急通信车辆20台执行通信保障任务。

经过"5·12"汶川特大地震，阿坝州各级各部门进一步加大提升各类自然灾害应急能力，群众整体自救互救能力得到明显提高。在灾难来临时能从容面对，在最短时间内开展抢险救援，将灾害损失降到最低。此次灾害中，部分县、乡特别是边远地区、交界地区仍存在救援道路不畅、通信不畅等情况，为以后如何提高应急救援水平提出了新的课题。

撤离在泥石流到来之前
——九寨沟玉瓦寨村"8·11"泥石流成功避灾

2010年8月11日15：00左右，九寨沟县将气象预警信息发送至所辖区域内各乡（镇）、各地质灾害隐患点。19：00左右，九寨沟县玉瓦乡境内突降暴雨。23：30左右，玉瓦乡玉瓦寨村泥石流隐患点监测人员发现沟内流水出现断流现象，监测人员立即上报玉瓦乡政府，乡政府在接报后紧急组织村干部、民兵等将沟口两岸300余名群众撤离至安全地带。23：50左右，受威胁群众全部撤离。10分钟后，上游滑坡形成的堰塞湖溃坝引发泥石流灾害，造成重大财产损失，但未造成人员伤亡。

气象预警、提前防范。8月11日下午，九寨沟县气象局发布重要天气警报，预报未来36小时内全县将出现明显强降雨，降雨量将达到暴雨标准，并提出了防范地质灾害的对策建议。天气预报和地质灾害预报警报通过手机短信方式发送给了全县所有气象信息员。玉瓦乡在接到县气象局发布的短期暴雨天气预警短信后，迅速向乡党委政府领导报告，并将气象预报信息发送至所辖各村、各地质灾害隐患点。接到气象信息后，各地质灾害隐患点监测人员坚守岗位，密切监测隐患点的地质灾害情况。

严密监测、及时应变。玉瓦乡玉瓦寨村被列为地灾隐患点，监测人员全力以赴监测险情。8月11日19点30分左右，瓢泼大雨倾泻而下，砸在房屋瓦片上啪啪直响，巡查泥石流隐患点的监测人员全部冒雨在岗值守。23时37分左右，监测员泽里杜吉在巡查完后山泥石流隐患点后，突然发现村寨上方的山沟内流水出现断流，较远处轰隆隆的水声直响。泽里杜吉立即拿起电话报告乡干部，并敲响手中的铜锣，发出预警信号。

平时演练、有序避让。接到预警信号后，村干部、民兵和其他隐患点的监测人员迅速通知自己所负责的联系户，按照预演安全路线快速疏散群众。该村大部分住户处于沟底，村寨密集，加之雨大路滑，如果平时不进行严格演练，短时间安全撤离将十分困难。安全避险点上村妇联主任负责清点村民，查找未到位人员。23：50左右，所有村民全部撤离到安全避险点。10分钟后，滑坡形成的堰塞湖溃坝，近10米高的泥石流瞬间倾泻而下，袭击了整个村寨。

如此大的泥石流灾害在凌晨来袭，冲毁群众房屋，人员却无一伤亡，这是如何做到的？玉瓦寨村是一个高半山藏族村寨，所处位置紧邻山水沟，是九寨沟县地质灾害预案点之一。为监测泥石流，该村一共安排了4个监测员。同时，还组织成立了1支地质灾害民兵巡逻队，与地质监测人员相互交叉巡查，并为每个队员配备了手电筒、雨衣、雨鞋、铜锣等。进入汛期后，针对监测人员进行了地质灾害知识培训，并为他们的手机订制了天气预报。只要有降雨，监测人员提前都会知道，并进入24小时轮流巡视的状态中，预防险情发生。除了及时监测，还建立了3小时地质灾害隐患排查情况、隐患观测点变化情况及地质灾害预测情况报告制度，对排查出的重大地质灾害隐患点，除了村"两委"负责点上监测、记录外，"干部挂点、领导包户、部门帮村"地联系点领导和乡镇领导共同联合巡查，对地质灾害隐患变化较大的点及时上报，制订处置预案。预警人员在巡查中，如发现河水断流、土层松动，出现滑坡、水土流失严重等现象，及时发出预警信号，第一时间疏散群众。

由于及时有序的撤离避免了人员伤亡，玉瓦乡成功避让地质灾害的案例得到四川省政府办公厅通报推广。

防范重于救灾
——汶川县龙溪乡阿尔村成功避险

2018年4月8日，四川省阿坝州汶川县龙溪乡阿尔村阿尔组阿尔寨发生一起滑坡灾情，滑坡方量约10万立方米。因在巡查排查工作中发现该隐患点变形加剧，当地政府果断组织受威胁的122户、415人避险撤离，成功避免了32户、128人可能的因灾伤亡。

防范的基础性工作——严密监测。此次发生的阿尔寨滑坡位于一地质灾害隐患点，在2008年被纳入国土资源部门监控体系，并落实了专职监测人员1名进行巡查监测。2017年下半年，该隐患点专职监测员马志雄在每日例行巡查、核查过程中发现隐患点有变形加剧迹象，随即报告汶川县国土资源局和龙溪乡人民政府。汶川县国土资源局立即对该重大隐患点建立了隐患管理台账，进一步落实了10名专职监测员开展监测预警工作。2018年4月3日，其中1名专职监测人员朱光跃在巡查过程中发现滑坡有变形加剧迹象，立即在第一时间将情况上报给龙溪乡党委政府和汶川县地灾应急指挥部，并对其进行重点监控。当地政府根据险情情况，对部分受威胁群众陆续进行了避险转移。

成功避灾的关键——有序转移。自2017年发现地灾隐患点变形加剧后，县、乡制订了防御预案和应急预案，进一步完善了各项地质灾害防范措施，给每户农户发放了"两卡一表"，通过宣传和普及地质灾害防治、监测科普知识，使广大群众掌握基本的地质灾害识别、监测、预报知识和避让措施，提高了群众防灾、避灾、救灾的意识。2018年4月8日上午7时左右，根据监测情况，汶川县委、县政府随即启动防灾预案，立即安排力量组织剩余受威胁群众全部疏散转移，并于当日下午18时完成转移安置工作。4月8日19时50分许，该隐患点发生大规模高位推移式滑坡，滑坡长160米，宽150米，平均厚度4.1米，方量约10万立方米。因专职监测体系运转高效，受地质灾害威胁的122户群众提前疏散转移，滑坡灾害未造成一人伤亡。

确保安全的核心——防范次生灾害。灾害发生后，四川省国土资源厅在第一时间派出专家工作组赶赴现场指导抢险救灾工作，积极组织当地政府加强隐患监测，科学划定危险区范围，并协调驻守督导单位利用无人机等航空遥感技术对滑坡周边展开隐患调查，严防次生灾害造成人员伤亡事件的发生。同时，阿坝州和汶川县全力组织抢险排查，妥善安置受灾群众，并举一反三，在全州范围开展地灾隐患全面排查和防范工作。

监测预警及时、主动避让果断、人员管控到位，32户、128个村民无一人员伤亡，实现了地质灾害成功避险，受到四川省委书记彭清华的批示表扬。

"三位一体"构筑地灾防治的铜墙铁壁
——地质灾害防治的"汶川模式"

"5·12"汶川特大地震后，地震破坏因素与极端天气影响相互交织、地质灾害与山洪灾害相互叠加，导致汶川震后 5 年内 3 次成为"孤岛"，灾后重建成果屡遭破坏：桥梁坍塌、公路阻断、基础设施损毁、家园被淹，13 个乡镇全域受灾，10 万汶川儿女生命受到严重威胁。如何治理频发的地灾隐患，如何保卫灾后重建成果，又如何让百姓拥有安全幸福的家园？

汶川县坚持把地质灾害防治作为最高"生命工程"和"民生工程"，将对地震逝者的纪念化作保卫生命的智慧和勇气，将对大自然的敬畏化作科学防灾减灾的意识与行动，众志成城、攻坚破难，"三位一体"铸就了地质灾害防治的铜墙铁壁，创造了独具特色的地质灾害防治的"汶川模式"。

一、地质灾害防治的实践探索

面对点多面广的灾害隐患和防不胜防的突发状态，汶川县以敢为人先的勇气，开始了艰难而富有成效的探索，走出了一条地质灾害防治的新路子。

（一）"两主动"的预防模式，铸就保民安民的"防护网"

汶川采取"两主动"的预防模式，未雨绸缪、曲突徙薪，铸就了一张保民安民的防护网。一是从"被动应对"走向"主动防御"，抢占防治主动权。汶川县深刻认识到，早一分钟行动，就多一份生存的希望；早一步预防，就多抢占一份抗击灾难的主动权。一方面整合防灾力量，建立县、乡、村、社、户"五级联动"群测群防网络，将专业防灾体系向全民防灾体系转化，13 名乡级防灾责任人、117 名村级防灾责任人、440 余名监测人员、26 处道路交通观察哨、53 处施工场所临时观察点，切实做到"点点有人管、处处有人抓"；另一方面提升防灾能力，从农村村组到城镇社区，从工矿企业到施工工地，从学校医院到机关单位，全民年年参与应急演练，将防灾知识和意识变为实际的应对能力和行动。"8·14"映秀保卫战、"7·3"罗圈湾阻击战、"7·10"草坡转移战，汶川干部群众"在刀锋上起舞"，应急救灾机制如同一部精密机器高效运转：映秀镇，8000 余名群众及时疏散；草坡乡，4000 名群众安全转移。这种沉着与从容，不是对灾难的藐视，而是尊重自然、进而主动作为的自信与坦然。二是由"临灾避险"走向"主动避让"，构建防治安全网。汶川县一方面"谋定而后动"，科学谋划预防避让体系。把学校、医院、体育场馆等按照"8级抗震、9度设防"标准建成临时避灾点,在全县13个乡镇建设占地面积约5万平方米的防灾避灾场所;对灾害体规模大且治理难度高、威胁对象相对较少且分散的草坡乡等地采取整体避险搬迁,对灾害体巨大、威胁对象多且集中的七盘沟等地重新规划建设。另一方面全力确保避让措施到位。将记录有隐患点位置、监测人员、临灾判据、预警信号、撤离路线、避灾地点等防灾信息的"防灾明白卡""避险明白卡"发放到人,确保临灾避险有组织、有领导,逃生撤离有方向、有路线,避灾避险有安全点、有供给保障,自救互救有设施、有经验。

(二)"两条腿"的治理模式,修筑坚固安全的"守护墙"

工程治理和生态治理犹如车之双轮、鸟之两翼,密不可分。汶川县抓住这一重点,坚持"两条腿"走路,在这片高山峡谷中构筑了一道道连绵不绝、气势如虹的守护之墙。一是把工程治理作为重中之重,树立工程治理新标杆。根据泥石流发生的规律和活动强度,以科学求实、因势利导的精神汇集专家智慧,多部门联动整治重大地质灾害安全隐患点。国土系统创新性地采用固坡、拦挡、排导等综合手段,先后对红椿沟、牛圈沟、烧房沟、彻底关沟、高家沟、银杏坪沟、七盘沟等26处特大型泥石流隐患点进行了工程治理,其中红椿沟、烧房沟等泥石流隐患点治理工程被国土资源部誉为世界级的宏伟工程,七盘沟泥石流拦挡坝成为亚洲第一高坝,为人民群众、交通枢纽干线提供了有效防护;水文系统开创性地采取"水砂分治"、河堤改造等办法,降低水位标高,疏通河道,避免了因泥石流堵塞、堰塞体溃决等对临灾群众的二次伤害,也提高了交通枢纽干线的安全系数。二是把生态治理作为治本之策,描绘生态治理新画卷。坚持自然修复和人工促进恢复相结合,充分利用"村旁、路旁、水旁、宅旁"开展绿化,以山坡绿化、道路绿化、沟渠绿化和庭院绿化为重点,形成生态绿色安全屏障,从而降低泥石流灾害的发生频率和危害程度;对河沟进行综合整治、加固除险,把原来的烂河滩开发成叠水景观和钓鱼池,起到减缓冲击力和景观展示的效果,变水害为水利,地灾治理与环境美化相得益彰。

(三)"三结合"的发展模式,打造长久发展的"动力机"

汶川坚持"三结合"的发展模式,走出了一条从简单恢复重建向科学重建发展之路。一是将地灾治理与土地复垦优化相结合,百姓得以自食其力。汶川县采取以工代赈的方式，组织老百姓在春耕之前对现有土地、河滩、荒地进行标准化整理和全面清理，种植大樱桃和时令菜蔬，既确保了人民群众生存环境的安全，又兼顾了受灾群众必需的土地等生产、生活条件；合理确定农村住房建设、特色产业基地建设等用地布局，既做到了提前防御避险，又盘活了灾毁土地资源。二是将地灾治理与乡村旅游开发相结合，家园得以恢复蓬勃生机。坚持以项目为载体，以产业作支撑，以安居为目的，巧打组合拳，积极打造"精品景观、精美村寨、精致农庄"，合理开发利用治理工程分流引水，建设农田水利灌溉，美化乡村生活，调节生态环境，建成羌禹农耕文化旅游体验区，达到景观与灌溉的和谐统一；建成"一房一景、一村一色、一县一特"的藏羌生态文化走廊，既消除了地灾隐患，又带动了休闲农业和乡村旅游发展。三是将地灾治理与砂石利用相结合，发展得以生生不息。汶川将灾难的伤痛化作"打赢灾后恢复重建硬仗、补上经济发展欠账"的无尽动力，化害为利、变废为宝，把可能危及群众生命财产安全的垮塌物、堆积体和洞渣废料，重新变成可开发利用的资源和财政收入的新增长点；将河道壅塞体、泥石流点和垮塌物源点的有用砂石资源加工成砂石原料，将漩映路白云顶隧道工程建设所产生的10余万方弃渣打捆出让给矸砖生产企业等。这些举措，既加快了地质灾害治理和堆积体清理工作，又给汶川建设带来了看得见、摸得着、感受得到的发展"红利"。

二、地质灾害防治的成效与实绩

经过十年的艰辛探索和奋力实践，"三位一体"的地质灾害防治体系初具雏形，独具特色的"汶川模式"硕果累累。

（一）安全效益斐然

汶川将已发现的1030处地质灾害隐患纳入灾后恢复重建规划实施范畴，积极开展了138项重大地质灾害防治工程和74项应急排危除险治理工作，累计投入资金达15亿元。这些工程成功拦截固体物质1000万立方米以上，安全转移群众15000人，避免经济损失52亿元，创造了地质灾害治理工程史的奇迹。

（二）政治效益凸显

汶川地质灾害防治让人们看到了一个立党为公、执政为民的政党，看到了一个敢于负责、务实高效的政府，看到了一个开放、崛起和强大的国家。地质灾害防治的伟大实践就像一部特殊的"精神探测仪",彰显出中国共产党的卓越领导能力。

（三）经济效益丰硕

汶川坚持把地灾防治与产业振兴相结合,借治理之机,不断增强发展后劲。复垦优化土地91772亩,拓展百姓生存能力;乡村旅游产业创造经济收入18.74亿元,提升产业造血功能;砂石开发上缴财政收入3950万元,夯实长远发展基础。灾区产业发展走出了一条由小到大、由弱到强的可持续发展振兴之路。

（四）社会效益巨大

汶川将地质灾害防治作为最重要的"生命工程"和"民生工程",奠定民众安居乐业基础:建造放心住所,打造安全家园;完善生活设施,打造宜居家园;实施环境优化,建设美丽家园。观灾区新貌,民生这块"短板"在治理和重建中实现了跨越式发展。

（五）生态效益明显

汶川将生态治理与工程治理相统一,大力实施天然林保护工程,自然修复生态61.5万亩,人工促进恢复生态共计8万亩,境内森林覆盖率提高1.2%。这片破碎山河重披绿装,生态屏障初具规模。

三、地质灾害防治的经验与启示

汶川成功应对地质灾害的典型经验是整个灾区应对地质灾害的重要组成部分和生动样板。

（一）"以人为本、生命至上"的地灾防治理念,彰显执政党的核心价值追求和地灾治理的人性光辉

汶川县始终坚持把"以人为本、生命至上"的防治理念作为整个地灾防治工作的核心价值取向,无论是地灾预防中的未雨绸缪、超前作为,应急处置中的靠前指挥、临危制变,还是地灾治理中的科学应对、高效防治,都始终贯穿着这一主题。

（二）"未雨绸缪、主动防御"的地灾防治路径,收获人与自然和谐共处的善果

汶川县通过提前防御、提前避让,主动避让、主动治理等一系列的实践探索,经受住了多次大规模灾害的检验,成功防御了泥石流、崩塌、滑坡等地质灾害,开创了国内震后山区地灾防治的先河。汶川的成功实

践证明，"未雨绸缪、主动防御"的地灾防治路径，是人与自然和谐共处的有效途径。

（三）"安民为要、民生为本"的地灾防治思路，实现地灾防治的"再生性跨越"

如果说以人为本的核心理念在抢险救援阶段鲜明地体现为"生命至上"，那么这一理念在安置群众阶段，便集中体现为"安民为要、民生为本"。汶川通过世界级的宏伟工程，把一处处可能危及群众生命财产安全的隐患点，重新变成宜业宜居的美丽家园，通过系统性的民生工程，化害为利、变废为宝，为灾区发展注入可持续的力量源泉。汶川的成功实践证明，"安民为要、民生为本"的地灾防治思路，能够让人们看到废墟上升腾的希望，在千疮百孔中重构均衡和见证新生。

（四）"全民参与、群测群防"的地灾防治方法，成为中国特色防灾体系的标志性特点

汶川将四川独创的地质灾害防治群测群防机制发挥到极致，把专业力量与民间力量有效组合，人人成为"监测者"，处处都有"灾害预警器"，有效提高了防灾减灾效率和效果。汶川的成功实践证明，主动防范、人防技防并重、全民参与、群测群防的地灾防治方法，是最具阿坝特色的地质灾害防范体系，也是现阶段我国最直接、最有效的防灾减灾手段。

藏寨震后重生　文化传承经典
——理县甘堡藏寨重建经验总结

阿坝州理县甘堡乡的甘堡藏寨是理县保存最完整、规模最大的嘉绒藏寨。甘堡藏寨位于藏羌文化走廊的核心地带，整座寨子的布局错落有致、鳞次栉比，建筑风格古朴、厚重，集中体现了嘉绒集中式布局藏寨的特点。全村共有3个村民小组、207户、959人，其中劳动力571人。甘堡乡甘堡村拥有丰富多元的文化，寨中百年以上建筑有38栋，二百年以上的建筑15栋，建筑格局独树一帜；整个寨子依山而建，栋栋相连、户户相通、层叠起伏，体现了嘉绒藏族人民精湛高超的建筑技艺；历史

上甘堡藏寨具有重要的军事地位，实行屯兵制，即有战即兵，无战即农，梓桑守备衙署直到地震前还保留完整；甘堡藏寨所独有的"端阳锅庄""博巴桑根"至今盛行，而且"博巴桑根"已被列入非物质文化遗产。2007年，甘堡藏寨被四川省人民政府批准列为四川省第七批文物保护单位。

"5·12"汶川特大地震中，甘堡藏寨遭受重创，千年古寨几乎毁于一旦。全村死亡1人、轻伤3人。全寨房屋几乎全部受损，藏羌地区仅存的具有两百多年历史的守备官寨大部分垮塌，百年以上民居建筑毁损严重。甘堡藏寨共有住户159户、人口675人。房屋基本未受损的约83户，轻度受损7户，严重损毁69户。

立足文化传承与长远发展做规划。在湖南省和大量专家的倾力支持及当地群众的广泛参与下，重建确定了"原地重建，修旧如旧"的规划目标，明确了重建的五大原则：第一是传承文化、保护特色；第二是修复文物、重建家园；第三是老寨新村、对立统一；第四是恢复藏寨景观、完善旅游功能；第五是理顺水系、营造水景。《理县甘堡藏寨修建性详细规划》中的重点工作是保护古寨、重建家园，尽快恢复群众生产生活；因地制宜，改善居住环境，提高设施配套水平；发展旅游、传承文化，按4A级景区标准进行建设，促进经济发展和文化传承交流。

立足传承与创新相结合进行重建。按照"两区两带三轴"的用地布局、不同区域的功能定位确定建设重点。"两区"主要是指恢复重建老寨，作为主要游赏体验区，在跨日落河建设新村作为旅游服务和村民现代化生活区；"两带"主要是指沿杂谷脑河北岸打造田园风光带作为村寨前景，也可在其中布置体育和参与性项目，沿日落河打造餐饮休闲带，在日落河两岸结合各家各户的餐饮服务，因地制宜地修建一些景观小品，布置一些小设施，供游人和村民休憩游览；"三轴"主要是指建设甘堡藏寨主入口景观轴线，从进入寨门直至"煨火桑塔"前，左边是潺潺流水，右边是转经筒长廊；自守备衙署到演艺中心新建旅游商业街，作为新村老寨的联系纽带。在原址重建中，老寨建筑必须按原材、原高、原屋顶形式建设，但室内功能及底层门窗可适当变化；底层原为圈舍，新建为可营业的店铺，新村建筑外墙及建筑风格保持本地特色，建筑内部功能和建筑材料体现现代化，达到了"传承文化、保护特色、完善功能、提升形象"的设计初衷。

主动避让提高防灾抗灾能力。在重建设计和建设中,一是要避让地震断裂带。基本烈度9度区,村落与各类建设项目选址距离断裂带边缘300米;基本烈度8度区,村落与各类建设项目选址距离断裂带边缘200米;基本烈度7度区,村落与各类建设项目选址距离断裂带边缘100米。二是要避让滑坡等次生地质灾害地带。山区沟谷、高山台地、半山斜坡等险峻的地理位置,往往是风景绮丽、意境绝佳的地段,以往的民居建设选址青睐这些地方。经过这次特大地震灾难,对山区进行了地质灾害普查,为了合理规避灾害,将这些地点作为景观点建设而不再作为建筑用地。

打破常规凸显山水魅力。按照"三打破、三提高"的要求组织村庄规划和建筑设计。打破"夹皮沟":破除过境路的店铺经济,坚持过境路绕行,村落相对独立成组团,保持村寨生活安静、环境宜人、品质高雅的环境,为开辟旅游业奠定基础。打破"军营式":村落设计体现灵动活跃的形态,展现山区、河谷、平坝的环境特征,做到依山就势、错落有致,本土特色突出,充分体现田园风情。打破"火柴盒":避免模式化、产品化、工业化的方盒子农房设计建设,追求地域特色,突出民族风格,实现"艺术村落、文化村落、生态村落"的目标。

历时3年的甘堡藏寨灾后重建,让千年古藏寨重获新生。2011年12月,甘堡藏寨荣获"十大四川最具旅游价值村落"称号;2012年4月,被中国古村落保护委员会授予"中国景观村落"称号;2012年12月,甘堡藏寨正式通过验收,成为国家4A级景区;2017年,甘堡村累计接待游客15万余人次、入住3万余人次,实现旅游收入230万元。十年时间,甘堡藏寨的人均年收入从震前的2360元增长到2017年的13000元。

高新技术为生命护航
——高新技术在"5·12"抗震救灾中应用

四川汶川大地震发生后,在争分夺秒的救援过程中,一些高新技术在救灾中得到应用,成为救援队伍的"得力助手",为救援争取了宝贵的时间，为被困者带来了更多生还的希望。

一、卫星遥感技术——实拍灾区影像

汶川大地震发生后，国家遥感中心立即安排"北京一号"小卫星提供最新影像信息，迅速开始灾区历史存档数据处理，并安排中国测绘科学研究院的航空遥感飞机随时待命，以实时提供遥感信息和技术服务。

作为北京市遥感应用数据库的重要组成部分，"北京一号"可实现对重点地区的全面观测，通过先进的空间对地观测技术、高精度图像数据、宽覆盖能力、快速重访周期为灾害监测提供了快速动态信息。

汶川大地震发生后，北京宇视蓝图公司受命为国家减灾委提供"北京一号"小卫星的存档影像并进行实拍，掌握灾区最新影像信息。国家遥感中心组织相关专家研究分析灾区遥感影像，制作出汶川地区遥感背景图，第2日即送往四川抗震救灾指挥部，为后续灾后评估提供了信息支撑。在地震灾区通信、交通遭到严重破坏的情况下，卫星遥感技术能够及时提供宏观灾情，有利于有关方面对灾情做出科学评估，进而采取救灾防灾减灾措施，具有重大的意义。

航空遥感飞机则相当于能够高空作业的"数码相机"，通过对当地灾情进行连续实时拍摄，并将拍摄下来的图像与该地区之前的积累数据做对比，根据变化的监测数据，技术人员就能判断哪些地方出现了坍塌，并能够对房屋损毁、道路损毁等情况有所掌握，从而为有关方面设计出最有效的救援路线和制订抢修方案提供科学参考依据。同时，通过对拍摄图像的分析，也能对灾情评估提供依据。

二、医疗应急系统——搭建野外手术室

2008年5月14日上午，第一批5支上海医疗队奔赴灾区。和他们一起奔赴灾区的还有一套高科技"全天候野外手术室"——现场医疗应急救援系统，此系统在当年1月举办的上海"世博科技专项"中刚刚通过验收，在这次抗震救灾中首次投入使用。

现场医疗应急救援系统相当于一个全天候的野外标准手术室，自带能源系统、水处理系统，不依靠当地任何设备就能够独立进行手术。在震后极端艰苦、不具备手术条件的地方，也可为伤员提供紧急手术救治。

平时，手术室可以折叠打包成一个1立方米左右的小包裹，非常便于携带。一旦遇到特殊情况需要抢救伤员时，在野外现场或受灾现场将

它完全充气展开，这个小包裹很快变身成为占地 20 平方米、高 2 米的帐篷状手术室。

手术室顶部装有 LED（发光半导体）灯，这种灯是一种新型的固态光源，在特殊照明领域已经具有出色的节能效果，因此其全部能源都依靠自备，无需借助当地光源；帐篷充气后，室内气压比外部高，这样可使内部始终保持一种无菌状态；另外，帐篷所采用的特殊材料还能抵挡各类毒气、毒液。

在此次抗震救灾过程中，许多医疗救援都充分运用了高科技手段，这些手段对挽救灾区人民生命起到了重要作用。

三、北斗导航定位——力保通信畅通

在抗震救灾过程中，通信设备具有极其重要的战略意义。汶川震后有线通信、无线通信的中断给救援工作造成极大困难，卫星电话的作用得到凸显。我国自主研制的"北斗一号"系统不断发回各种灾情和救援信息，在通信中断的情况下发挥了重要作用。

据北斗星通导航技术股份有限公司副总裁胡刚透露，北斗卫星导航定位系统作为一个天基导航通信系统，犹如一条摧不垮的"生命线"，特别适合应用在地震灾害救援指挥中。同时，北斗星通自 2008 年年初冰雪冻灾后就已和各相关部门制订了灾害预警、救灾指挥解决方案。

终端用户向卫星发射短信息后，卫星将信息通过北斗地面控制中心和北斗星通运营中心发往全国各地的救灾指挥中心，指挥中心将命令处理后通过卫星播发给各终端，整个过程速度非常快，达到秒级，因为北斗卫星的精密授时系统精度最高达 10～20 纳秒（双向），这充分保障了救援工作通信的实时性。

5 月 15 日，中国卫星导航定位应用管理中心紧急调拨 1000 台"北斗一号"终端机配备给一线救援部队。该终端不但可接收北斗卫星的导航信号，还可以用短报文的形式与指挥中心取得联系。指挥人员在监控中心可随时通过监控屏幕关注每个救援小组的位置信息，必要时也可以短报文形式发出指令，北斗导航系统一次可传送多达 120 个汉字的信息。

四、生命探测仪——搜寻生命迹象

地震将许多地方夷为平地，到处是残垣断壁，如何快速地搜救废墟下奄奄一息的伤员，成为救灾的焦点和难点。救援人员为了及时发现废

墟下的伤员使用了一种高科技救生仪——专用于搜救灾难中被困人员的"生命探测仪"。通过这种探测仪，救援人员可以透过混凝土、砖、雪、冰和泥浆，探测人力无法到达的区域是否还有人员被困，从而实施援救。

简单地说，生命探测仪实际上是一个呼吸和运动探测器。它的工作原理是通过雷达信号发送器连续发射电磁信号，对一定范围的空间进行扫描，接收器不断接收反射信号并对返回信号进行算法处理。生命探测仪是通过测试被困者的呼吸运动或者移动来工作的，如果被探测者保持静止，返回的信号是相同的；如果目标在动，则信号有差异；通过对不同时间段接收的信号进行比较等算法处理，就可以判断目标是否在动。

生命探测仪根据不同的原理分为光学生命探测仪、热红外生命探测仪和声波生命探测仪。

光学生命探测仪，又被称作"蛇眼"，是利用光反射进行生命探测的仪器。仪器的主体非常柔韧，像通下水道用的蛇皮管，能在瓦砾堆中自由扭动。仪器前面有细小的探头，可深入极微小的缝隙探测，并类似摄像仪器将信息传送回来，救援队员利用观察器就可以把瓦砾深处的情况看得清清楚楚。

热红外生命探测仪则具有夜视功能。它的原理是通过感知温度差异来判断不同的目标，因此在黑暗中也可照常工作，能经受住救援现场的恶劣条件。红外线生命探测仪可以判断被困人员的生命体征，能够探测并且显示出被困者身体的热量，从而帮助救援队员确定被埋在废墟下或隐藏在尘雾后的被困者的位置。

声波生命探测仪寻找生命靠的是识别被困者发出的声音。这种仪器有 3～6 个"耳朵"——振动传感器，它能根据各个耳朵听到声音先后的微小差异，采用逼近法来判断幸存者的具体位置。声波生命探测仪最容易识别说话的声音，因为设计者充分研究了人的发声频率。如果幸存者已经不能说话，只要用手指轻轻敲击发出微小的声响，也能够被它听到。即便被困人员被埋在一块相当严实的大面积水泥楼板下，只要心脏还有微弱的颤动，探测仪也能识别出来。

一系列先进科技成果的运用，对抢救生命和减灾防灾起到了极大的支撑作用。从预测预防、抢险救援到灾后重建，科技运用都贯穿其中，成为不可缺少的技术手段和能力。

防震减震技术的集成
——映秀重建中的抗震示范建筑

在汶川映秀重建中，中外专家一致决定将映秀建成"抗震建筑试验区"。在镇区建设过程中，除了对整体建筑形态综合规划布局之外，选取局部地块，安排建筑师集群设计街区，由国内外著名建筑师发挥各自特长率先建起一批具有示范意义的建筑。不仅体现抗震设计理念，而且采用抗震新结构、新材料、新工艺，实现"小震不坏、中震可修、大震不倒"的性能目标。通过集百家之所长，更好地推进抗震建筑的研发，为指导映秀乃至其他灾区城镇的家园重建起到了示范作用。

粘滞阻尼器消能支撑减震技术运用代表——汶川大地震震中纪念馆。 该馆建筑面积 5148 m^2，包括展示厅、库房、办公及相关附属设施，层数为 2 层，总高为 11.3 m。结构设计上采用刚性和柔性两种结构体系，与山体相连一侧采用框架+抗震墙的刚性抗震结构体系；朝向纪念广场露出地面的一侧采用混凝土框架+消能减震技术的柔性抗震结构体系。基础形式为天然地基上的柱下扩展基础。采用混凝土框架结构，抗震墙与楼盖结构的混凝土强度等级为 C35，钢筋采用 HRB400 高强钢筋，水庭建筑钢结构钢材采用 Q235B。

在框架+抗震墙的刚性抗震结构体系中，抗震墙侧向刚度大，是主要的抗侧力结构，而框架的延展性好，除承担竖向荷载外，作为大震时的第 2 道防线，实现"小震不坏、中震可修、大震不倒"的抗震设防性能目标。在框架结构+消能减震技术的柔性抗震结构体系中，上下两层建筑中布置了 8 个杆式粘滞阻尼器，利用活塞推动油缸中的油流过节流孔而产生阻尼力来耗能的原理，通过增大结构中的阻尼，消耗地震作用能量，达到结构构件在罕遇地震下不发生严重破坏的目的。该馆应用的粘滞阻尼器规格型号为 VFD-222×1100×600×100，其最大承载力为 600 kN（相当于 60 吨力），极限位移为 100 mm。

软钢阻尼消能支撑减震技术运用代表——映秀抗震减灾国际学术交流中心。 该中心由学术交流中心和学术报告厅两部分组成。学术交流中心为地上 3 层，地下 1 层，建筑总面积 12488 m^2，建筑总高度 11.95 m；

学术报告厅为地上 2 层（内设 2 层夹层），建筑总面积 1502 m²，建筑总高度 11.8 m。抗震设防类别为标准设防类，抗震设防烈度为 8 度，采用钢框架结构体系，增设软钢阻尼器。钢框架钢材采用 Q345B，填充墙采用 MU5 页岩空心砖，基础采用独立柱基础。

在发挥钢框架结构自身轻、强度高特点的基础上，为进一步提高在罕遇地震下的抗震性能目标，在钢框架的相应位置设置软钢位移型阻尼器。软钢位移型阻尼器的原理是在罕遇地震作用下结构变形较大时，软钢位移型阻尼器发生屈服变形，消耗大量地震作用力，减少结构水平位移，保护钢框架免受地震破坏，显著提高结构的抗震能力。本项目采用的软钢位移型阻尼器型号为 HADAS，其力学参数为弹性刚度 $K=2.47×10^4$ kN/m，发生屈服变形时的屈服承载力为 220 kN。与主体钢框架结构嵌砌的填充墙采用柔性连接构造，以减小填充墙刚度对主体结构的不利影响，同时也可避免填充墙在地震作用下的损坏。

建筑隔震橡胶支座基础隔震技术运用代表——映秀镇中心卫生院。该中心卫生院总用地面积 3730.6 m²，总建筑面积 3451.01 m²，其中地上建筑面积 2882.86 m²，地下建筑面积 445.06 m²。建筑包括卫生院和服务站两部分，卫生院功能包括门诊、急诊、住院、手术室等；服务站功能包括残疾人服务和计生服务，并具备妇产科诊治用房。两部分功能围绕两个庭院展开，既相对独立又相互联系，功能齐全，结构紧凑，便于使用。卫生院主体结构为地下 1 层，地上 3 层（附带设备夹层），建筑高度 13.3 m；服务站为地上 2 层，建筑高度 7.3 m。建筑结构采用钢筋混凝土框架—剪力墙结构，为确保医院建筑的抗震性能，特采用基础隔震技术。围护结构采用加气混凝土砌块，基础采用柱下及墙下独立基础。

本工程为局部带地下室的 4 层框架剪力墙结构，采用建筑隔震橡胶支座的基础隔震技术。与传统的抗震结构相比，隔震结构通过设置于基础结构和上部结构之间隔震层中的隔震支座吸收地震输入能量，使作用于上部结构的地震力比一般建筑要小得多，保证地震作用时上部结构的安全。因此，对于在地震中不能中断功能的医院、通信中心等建筑采用隔震技术最为适合。在地下室顶板下侧共设置了 45 个叠层建筑隔震橡胶支座（LNR）及 54 个建筑隔震铅芯橡胶支座（LRB）。为增大抗扭刚度，铅芯橡胶支座沿建筑物周边设置，且尽量使隔震层上部结构重心位置与隔震层的刚心重合。计算表明，与不设置基础隔震的建筑相比，设置上述隔震层后基底地震剪力降低了85%。

建筑隔震橡胶支座基础隔震技术、双跨框架抗震体系、轻钢龙骨墙体应用代表——映秀小学。该小学总建筑面积为6852 m^2，建筑功能主要包括教学楼（3层，高度11.4 m，面积1924.02 m^2）及实验办公楼（3层，高度11.4 m，面积2060.88 m^2）、食堂及室内运动场（2层，高度11.2 m，面积816.56 m^2）、宿舍楼（3层，高度11.4 m，面积1424.65 m^2）等。结构体系为混凝土框架结构，结构承重体系沿纵向布置，框架纵向间距为9.0 m，横向框架为双跨框架。围护结构采用抗震性能良好的轻钢龙骨墙体，并与主体结构进行柔性连接。基础采用钻（冲）孔混凝土灌注桩基础。建筑物抗震设防烈度为8度，抗震设防类别为重点设防类（乙类）。

采用建筑基础隔震新技术可以有效减小地震对于上部结构的影响，叠层橡胶支座水平刚度小，在地震作用下，可发生较大的水平变位，减小了上部结构振动。建筑隔震橡胶支座由钢板与橡胶逐层叠合而成。横向框架结构布置时，特采用了抗震性能更好的双跨框架（教室内2个框架柱再加外走廊的框架柱，即走廊不采用悬挑梁），双跨框架增加了结构的超静定次数，显著提高了结构的抗震性能。大量震害表明，以往教学楼常用的单跨框架结构抗震性能较差（2个框架柱上设置带悬挑梁的框架梁，悬挑梁上设外走廊）。因此，本次学校建筑设计时专门提出采用双跨框架的要求。结构具有自重轻、轻钢龙骨与主体框架结构连接可靠等优点，避免地震发生时围护墙体倒塌对学生的伤害。同时，墙面的石膏板、水泥纤维板在与混凝土框架的连接处采用柔性连接，有效减轻地震过程中由于框架的变形位移对墙体的破坏。

汶川映秀镇作为"5·12"汶川地震震中所在地，受到世界关注、全国牵挂。我国乃至世界上先进的抗震减震技术集中在映秀进行展示，已成为其他地区学习和运用先进技术的教材，也成为书写大爱的见证。

从「5·12」到「8·8」
——阿坝州重(特)大地质灾害应对启示

穿越灾难走向新生

坚定不移地听从党的领导

在阿坝的发展道路上,总会发生一些影响深远的重大事件,成为我们的集体记忆。2008年5月12日14时28分,天摇,地动,山崩,楼塌,桥断,路裂,汶川8级强震撼动中国、震惊世界。地处震中的阿坝

映秀镇新貌

州受灾深重，2万多生命顷刻陨落，大量房屋倒塌，基础设施严重损毁，发展存量基础被摧毁，全州进入了新中国成立以来最危急、最严峻、最困难的时期。

一切都突如其来，一切都猝不及防，一切又都高速运转、有力有序有效。哪里有灾难，哪里就有共产党员的身影；哪里有艰险，哪里就有共产党人的奉献。山河作证，日月作证，汶川作证，中国共产党人有苦先吃、有难先担、有险先上，以舍生忘死、不畏艰险的冲锋力彰显着先进本色，以百折不挠、永不言败的攻坚力彰显着革命本色，以顽强拼搏、勇于胜利的战斗力彰显着英雄本色，带领阿坝人民穿越于灾难、崛起于危难，坚强有力的领导、坚定有力的指挥，发挥了揽全局、决大事、定方向的重要作用。从抗震救灾到灾后重建，阿坝人民看到了一个全心全意为人民服务、时时刻刻与人民血肉相连的执政党，想群众之所想、急群众之所急，致力于把群众安顿好、把民生保障好、把灾区建设好，成为灾区人民的中流砥柱。十年来，"中国共产党""党组织""党员"，这些词汇在阿坝是有血有肉的形象，大灾面前不低头，大难面前不弯腰，奔忙在一个个抢险救灾现场，活跃在一个个恢复重建工地。从中央到地方，各级党委、政府始终与人民群众在一起。共产党人用"泰山压顶不弯腰、攻坚破难不退却"的行动，为党旗增辉，为五星红旗添彩。在抢险救灾的危难时刻，在恢复重建的重任面前，挺身而出、奋勇当先、舍生忘死、无私奉献，展现了共产党员"平常时候看得出、关键时刻站得出、危急关头豁得出"的先进本色。

从血泪之地、生民之痛、阿坝之难到岷江奔腾、岷山雄拔、峭壁高耸，再到汶川重生、阿坝崛起，这里处处洋溢着蓬勃的生机；从山崩地裂、残垣断壁、碎石瓦砾到壮怀激烈、热血沸腾、昂首前行，再到汶川重生、阿坝崛起，这里处处见证着不屈的脊梁；从家破园毁、满目疮痍、饱受创伤到受苦受累、流血流汗、没日没夜，再到汶川重生、阿坝崛起，这里处处播撒着丰收的憧憬；从撕心裂肺、生离死别、血泪悲切到相依相伴、相守相爱、相扶相助，再到汶川重生、阿坝崛起，这里处处流淌着幸福的笑容。如今，阿坝早已从废墟中站起，这一切源于中国共产党人以感天动地、气壮山河的号召力，汇聚成风雨同舟、生死与共的强大合力；如今，阿坝早已在磨难中重生，这一切源于中国共产党人以临危不惧、砥柱中流的向心力，转化成团结协作的必胜信念和强大动力；如今，阿坝早已在重建中跨越，这一切源于中国共产党人以万众一心、众志成城的凝聚力，谱写了阿坝发展史上新的壮丽诗篇。

一处处温暖的新生，凝聚着我们党多少心血和汗水；一张张满意的笑脸，融入了我们党多少阳光和雨露，充分体现我们党立党为公、执政为民的理念与能力，用实际行动彰显"心里装着人民，一切为了人民"的政治本色。如今的阿坝，最漂亮的是民居，最安全的是学校，最现代的是医院，最满意的是百姓。重走灾区，处处都能听到群众对党员干部的由衷赞叹："领头羊""主心骨""火车头""贴心人""弄潮儿"！他们说，走出阵痛，走向豪迈，走向振兴，那是因为党时时在我们身边，信党、爱党、跟党走的信念更坚定，党和群众的血肉联系更紧密，党在群众心目中的形象更好、威信更高。

93 万阿坝人民信念坚定，希望满怀。坚定不移跟党走，阿坝就一定能实现决胜全面小康建成美丽阿坝，阿坝人民的明天将更加美好。

坚信不疑地走中国特色社会主义道路

高层推动，协同作战，保质保量完成重建任务；雪中送炭，雨里撑伞，把阿坝灾区人民最急迫的事干早干好；水浇到根上，钢使到刃上，既谋当前，更谋长远。灾后恢复重建中，连绵群山所覆盖的、深邃的峡谷所荡漾的、辽阔的天际所弥漫的，全都是一个"情"字，那是把灾区当作"家"来建设的手足之情。在历史长河中，十年犹如弹指一瞬，却足以让阿坝发生天翻地覆的变化，得益于重大义、顾大局、献大爱的"一省帮一重灾县"的对口支援机制，6个省与阿坝州6个重灾县紧紧连在一起，这在中国历史上是第一次，把承载着无数爱心的涓涓细流汇聚成奔涌的江流大川，再转化为灾后重建的强大动力。对口支援工作取得的辉煌成就，充分反映了支援方忠实履行党中央决策部署，积极有为、开拓创新的政治智慧和两地人民互帮互助的团结协作精神。一批批干部在艰苦的工作和生活条件下，恪守"有志而来、有为而归"的坚定信念，继承发扬"特别能吃苦、特别能忍耐、特别能战斗、特别能奉献、特别能团结"的精神，为阿坝经济社会发展增添了强大动力。从中，我们深切感受着中国特色社会主义制度的优越：全国上下步调一致，集中力量办好大事，政令畅通紧密合作，社会各界同心协力，发挥着巨大的社会组织能力和动员能力。有只争朝夕的精神，有时不我待的意识，有勇往直前的干劲，更有打好主动仗的具体行动，才有今天阿坝的脱胎换骨、魅力四射，焕发出前所未有的勃勃生机和巨大活力。

地震无情人有情。艰苦卓绝的斗争，使人们的心靠得更近、贴得更紧。重建奇迹见证中国制度优势，实践证明，每当有重大自然灾害发生，中国人民就更加团结一致、无私奉献。对口支援，体现了血浓于水的同胞情谊，体现了团结协作的精神，体现了社会主义大家庭的温暖和中华民族的强大凝聚力。

援建资金、项目向民生领域倾斜，让百姓得实惠；产业、智力援助，变输血为造血，让受援地"既长骨头又长肉"；结对牵手的"滴灌"式援助模式，让援受双方交往常态化，促进民族融合。在汶川、理县、茂县、黑水、松潘、小金，每一个地标建筑和道路的命名，都铭记着一段感人的故事。今天，当我们一起重温全州各族人民同甘共苦、破浪前行的奋斗历程，一起梳理6省各条战线风尘仆仆、攻坚克难的建设成果，一起感受勇攀新高、与时俱进的精神面貌，就会更加深刻地理解坚定不移走中国特色社会主义伟大道路的必然性、必要性、正确性。要钱给钱、要物给物、要人给人，援建项目含金量足，每一个项目都是一座丰碑，离开了举国动员的制度安排，没有了天南海北的援建大军，怎能既快又好地重建一个新家园？

正是因为走中国特色社会主义道路，阿坝才从黑暗走向光明、从封闭走向开放、从贫穷走向富裕；也正是因为坚定不移地走中国特色社会主义道路，阿坝才从毁灭走向新生、从悲壮走向豪迈。这盛况，这壮举，只有在社会主义这个大家庭里才会涌现。因此，我们要说社会主义好！我们走中国特色社会主义道路的信念也更加坚定。

坚持不懈地推进科学重建高效重建

城乡面貌大变样，基础设施大提升，各项产业大发展，社会建设大跨越。新家园、新产业、新生活、新希望如愿而至，灾区功能恢复与发展提高同步实现，空间布局更加合理。如此短的时间内，从规划设计到全面施工再到竣工投用，节奏之快，效率之高，成效之大，前所未有，令人惊叹。每一个置身其中的人，无不为阿坝取得的巨大变化所震撼，焕然一新的阿坝，生动诠释着科学重建、高效重建的巨大力量。

回首地震之初，正是科学运作、科学设备、科普知识给了我们力量、信心、速度乃至生命。在感知科学威力的同时，我们也加深了对科学素养、科学意识、科学精神的理解，对科学重建思想的快速积累和不折不扣的坚持，对于决胜灾后重建十分重要。

水磨镇，汶川县一个不起眼的小镇，如今，青瓦、楼阁、飞檐、流水，清一色古朴典雅的川西民居，被联合国环境计划署授予"全球灾后重建规划设计最佳范例"称号；映秀成为汶川地震灾后重建典范、"5·12"汶川地震震中纪念地。物质重建、经济重振、文化重兴、社会重构，形成了一整套科学合理、适度超前、安全实用、体现特色的灾后重建规划体系，实现了质量有保证、清廉没问题、群众说满意，实现了有序好于以往、有力强于以往、科学优于以往、高效胜于以往的科学重建要求。

这是以民为本、安民为先的恢复重建之路。"三年目标任务两年基本完成""把群众安顿好，把民生保障好，把灾区建设好"，基本实现"家家有住房、户户有就业、人人有保障、设施有提高、经济有发展、生态有改善"的目标，把灾区群众的利益当作根本利益，把保障人民的生活当作头等大事。重建决策，听群众意见；重建过程，靠群众参与；重建创新，汇群众智慧；重建结果，让群众评判。灾后重建的一个又一个奇迹，贯穿着以人为本的理念。

这是尊重州情、立足长远的恢复重建之路。阿坝州地处长江上游，绿色资源富集，具有得天独厚的生态优势。保护这一优势，用好绿色资源，把绿水青山转化为灾后重建、发展振兴的"金山银山"，已成为灾区广大干部群众的共识。体现在灾后重建中，就是始终坚持救灾与防灾同步、修复与保护同步、生态文明建设与产业恢复发展同步,把灾区生态资源作为灾区发展的根本优势,在重建中体现生态理念、生态智慧,实现绿色生产、绿色生活。依靠新村新居、幸福美丽家园广泛兴起的生态旅游产业,已成为灾区构建绿色产业体系的一个缩影,这个户户参与、人人受益的富民产业正在向建设"三区一中心"的广度和深度延伸。

这是物质变化、精神崛起的恢复重建之路。"看得见"的变化令人欣喜,"看不见"的变化更振奋人心。通过灾后重建,实现灾区协调发展、系统发展、整体发展,成为决策的重要考量。灾区基础设施重建带动城乡硬件同步改善,城乡一体的交通网、供水网、供电网、信息网正不断向偏远地区延伸;灾区经济建设和社会建设同步推进,物质文明和精神文明并行发展,伴随着一排排靓丽的民居、一座座整洁的厂房,自立自强的奋斗精神、迎难而上的可贵品质,正在灾区群众中扎根、生长,有形的物质家园和无形的精神家园共同构成了灾区群众的新家园。灾后重建的历程,铭刻了物质重建的伟大奇迹,也唱响了精神世界崛起的豪迈凯歌。

坚忍不拔地弘扬伟大的抗震救灾精神

严峻的考验,可以激发斗志,凝聚人心;巨大的压力,能够磨炼意志,砥砺精神。面对灾难处变不惊、自信自强,面对困难百折不挠、愈挫愈勇,面对挑战自强不息、奋发图强。在抗震救灾和灾后重建的进程中,我们形成了"万众一心、众志成城,不畏艰险、百折不挠,以人为本、尊重科学"的伟大抗震救灾精神,凝聚团结奋进的强大力量,体现出"泰山压顶不弯腰"的英雄气概,践行对人民生命财产的高度负责。这是我们历经磨难而信念愈坚,饱尝艰辛而斗志更强的力量源泉,它支撑着我们取得抗震救灾和灾后重建的重大胜利。

灾难如鉴,辉映出不屈的精神和高尚的人格,辉映出中华民族一脉相承的优秀传统,辉映出阿坝儿女百折不挠的英雄气概,辉映出红军长征精神的接力传承,辉映出无可比拟、不可战胜的凝聚力和向心力。

实践证明，伟大的抗震救灾精神是凝聚力，聚沙成塔，集孤弱为伟大；是生命力，自强不息，使绝地发新芽；是战斗力，砥柱中流，挽狂澜于既倒。

要想事业成功就要自强不息，要想梦想成真就得顽强奋斗。我们正阔步行走在新征程上，要想坚决打赢发展、重建、脱贫攻坚、依法创稳4场攻坚战，早日建成美丽新九寨，加快建成"三区一中心"，推动阿坝州7个方面主要工作走在全国民族地区前列上，我们仍然需要坚忍不拔地弘扬伟大的抗震救灾精神，这对于我们沿着党的十九大指引的方向阔步前进，决胜全面小康建成美丽阿坝，具有十分重大的现实意义。

坚忍不拔地弘扬伟大的抗震救灾精神，必须为决胜全面小康建成美丽阿坝顽强奋斗。再大的困难也要上，最好的办法就是干。弘扬万众一心、众志成城的精神，就要高举爱国主义旗帜，发扬集体主义精神，倡导团结友爱风尚，不仅在遇到重大灾害时实现一方有难、八方支援，而且在日常生产生活中守望相助，把和谐社会建设融入社会生活的每一个环节，共建共享美好生活。面对艰巨繁重的改革发展稳定任务，我们必须以奋发有为、开拓进取的精神状态和求真务实、真抓实干的工作作风，扎实做好每一项工作，不断开创新局面，为实现决胜全面小康、建成美丽阿坝做出新贡献。

阿坝书写坚强，坚强熔铸阿坝，十年成就一部阿坝的奋斗史。阿坝历史上，还没有哪个时期发生过这么多的坚强传奇。纵然峻岭千重、险峰万仞，没有比英雄阿坝更高的山。弘扬不畏艰险、百折不挠的精神，就要有知难而进、迎难而上的勇气，把危机状态下的过硬作风转化为日常工作中的良好状态。不仅在面临灾难和危险时抱定必胜的信念，用顽强拼搏去争取胜利，而且在日常工作、生活中坚守信仰，不为任何风险所惧、不被任何干扰所惑，一步一个脚印地朝着奋斗的目标迈进。

"救灾就是救民，重建就是为民"。把群众安顿好，把民生保障好，把灾区建设好，执政为民的基本理念、民生优先的积极实践，成为灾后重建中最有效的社会动员。把灾区群众的利益当作根本利益，把保障人民的生活当作头等大事，抗震救灾和灾后重建的一个又一个奇迹，贯穿着以人为本的理念。最深刻的变化在于人，最实在的成果施于人，最持久的动力源于人。弘扬以人为本、尊重科学的精神，就是要把以人为本、尊重科学的时代理念转化为关爱生命、崇尚理性的实际行动，始终把实现好、维护好、发展好最广大人民的根本利益作为一切工作的出发点和落脚点，尊重人民主体地位，保障人民各项权益，做到发展为了人民、发展依靠人民、发展成果由人民共享。

参考文献

[1] 阿坝州地方志办公室. 汶川特大地震阿坝州抗震救灾志 [M]. 成都：方志出版社，2013.

[2] 郭伟. 汶川特大地震应急管理研究 [M]. 成都：四川人民出版社，2009.

[3] 阿坝州人民政府应急管理办公室. 突发事件典型案例 [Z]. 阿新出内〔2016〕字第 3 号，2016.

[4] 李仕铭. 使命——湖南省对口支援四川理县灾后重建纪实 [M]. 长沙：湖南文艺出版社，2010.

[5] 廖军. 天地映秀 [M]. 北京：大众文艺出版社，2012.

[6] 国土资源部地质环境司，中国地质环境监测院. 滑坡崩塌泥石流防灾减灾知识读本 [R]. 2010.

[7] 国家减灾委员会办公室，国家减灾委专家委员会. 2017年国家综合防灾减灾与可持续发展论坛文集 [C]. 北京：中国社会出版社，2018.

后 记

十年多灾多难,是我们共同的经历;十年不懈应对,是我们共同的努力。阿坝州地质灾害的防范处置和研究,在全国关注、各方参与下,总结形成了许多可以借鉴的举措。我们对阿坝州十年来抗击重大地质灾害的历程进行系统回顾,充分吸收和借鉴各方面专家、学者的研究成果,站在党委政府操作层面上进行归纳,就各个方面工作中的重点和难点提出具体的措施、办法和建议,以期在应对重大地质灾害时可以起到一定的指导、示范和借鉴作用。

由于编者水平有限,书中可能还存在一些纰漏和不足,希望读者能提出意见建议,不断完善,共同为应对地质灾害、保护人民群众生命财产安全、建设更加美丽安全繁荣的家园而不懈努力。

编 者
2018 年 8 月